"中国森林生态系统连续观测与清查及绿色核算"系列丛书

王 兵■主编

山东省济南市森林与湿地
生态系统服务功能研究

李景全 牛 香 曲国庆
黄龙生 商 凯 李传文 等■著

中国林业出版社

图书在版编目(CIP)数据

山东省济南市森林与湿地生态系统服务功能研究 /李景全等著.
-- 北京 : 中国林业出版社, 2017.3
ISBN 978-7-5038-8889-2

Ⅰ.①山… Ⅱ.①李… Ⅲ.①森林生态系统－服务功能－研究－济南②沼泽化地－生态系统－服务功能－研究－济南 Ⅳ.①S718.55②P942.521.78

中国版本图书馆CIP数据核字(2016)第325900号

中国林业出版社·科技出版分社

策划、责任编辑： 于界芬　于晓文

出版发行　中国林业出版社
　　　　　（100009 北京西城区德内大街刘海胡同 7 号）
网　　址　www.lycb.forestry.gov.cn
电　　话　(010) 83143542
印　　刷　北京卡乐富印刷有限公司
版　　次　2017 年 3 月第 1 版
印　　次　2017 年 3 月第 1 次
开　　本　889mm×1194mm　1/16
印　　张　11.25
字　　数　252 千字
定　　价　98.00 元

《山东省济南市森林与湿地生态系统服务功能研究》
著 者 名 单

项目完成单位：

中国林业科学研究院森林生态环境与保护研究所

中国森林生态系统定位观测研究网络（CFERN）

济南市林业局

济南市各县（市、区）林业（农发）局、高新区社会事业局

项目首席科学家：

王 兵 中国林业科学研究院

项目组成员：

丁访军	于秋祥	马 璟	马宪宏	王 丹	王 兵	王 慧
王协芳	王庆波	王明霞	王学文	王晓燕	王雪松	王景生
牛 香	丛日征	邢聪聪	师贺雄	曲国庆	朱海宏	乔培超
任传明	刘 兵	刘 波	刘 娜	刘 斌	刘云超	刘而功
刘胜涛	刘祖英	孙建军	孙爱宗	李传文	李连军	李英绩
李明文	李学刚	李居涛	李景全	李新奇	李增峰	杨 强
吴丽杰	宋庆丰	张 新	张玉龙	张金旺	张维康	陈传松
范志强	周 梅	房瑶瑶	孟京莲	郝 军	胡小龙	柏鲁林
姜 艳	姜富林	顾建军	徐丽娜	高 鹏	高志强	高瑶瑶
郭 慧	郭承富	郭厚利	陶玉柱	黄龙生	崔明杰	商 凯
蒋秀丽	韩 友	韩黎光	程公远	窦新宏	管清成	潘勇军
鞠丽萍	魏文俊	魏江生				

特别提示

1. 本研究依据森林生态系统连续观测与清查体系（简称：森林生态连清体系），对济南市森林生态系统服务功能进行评估，范围包括历下区、市中区、槐荫区、天桥区、历城区、长清区、章丘市、平阴县、济阳县、商河县 10 个县 / 市辖区。

2. 评估所采用的数据源包括：①森林生态连清数据集：济南市周边地市的 5 个森林生态站和辅助观测站点的长期监测数据；②森林资源连清数据集：2015 年济南市森林资源二类调查数据；③社会公共数据集：国家权威部门以及济南市公布的社会公共数据，根据贴现率将非评估年份价格参数转换为 2015 年现价。

3. 本书第三、四章，基于济南市 2015 年森林资源二类调查数据，分别评估了济南市森林生态系统服务功能的物质量和价值量；第五章，基于济南市 2012 年湿地资源调查数据，评估了全市湿地生态系统服务功能的价值量。

4. 依据中华人民共和国林业行业标准《森林生态系统服务功能评估规范》(LY/T 1721—2008)，针对县级区域和优势树种（组）分别开展济南市森林生态系统服务功能评估，评估指标包括：涵养水源、保育土壤、固碳释氧、林木积累营养物质、净化大气环境、生物多样性保护、森林防护和森林游憩 8 类 23 项指标，并首次将济南市森林植被滞纳 TSP、$PM_{2.5}$、PM_{10} 指标进行单独评估。

5. 当用现有的野外观测值不能代表同一生态单元同一目标林分类型的结构或功能时，为更准确获得这些地区生态参数，引入了森林生态功能修正系数，以反映同一林分类型在同一区域的真实差异。

6. 在价值量评估过程中，由物质量转价值量时，部分价格参数并非评估年价格参数，因此引入贴现率将非评估年价格参数换算为评估年份价格参数以计算各项功能价值量的现价。

凡是不符合上述条件的其他研究结果均不宜与本研究结果简单类比。

前　言

　　建设生态文明的实质就是建设以资源环境承载力为基础、以自然规律为准则，以可持续发展为目标的资源节约型、环境友好型社会。党的十八提出，要把生态文明建设放在突出地位，融入经济建设、政治建设、文化建设、社会建设各方面和全过程，努力建设美丽中国，实现中华民族永续发展。十八届三中全会提出加快建立系统完整的生态文明制度体系，十八届四中全会要求用严格的法律制度保护生态环境。十八大以来，国家尤为注重生态文明建设，因为，生态文明建设和环境保护本身就是生产力，建设生态文明，是关系人民福祉、关乎民族未来的长远大计。为此，在中共中央、国务院印发《关于加快推进生态文明建设的意见》中，要求充分认识加快推进生态文明建设的极端重要性和紧迫性，切实增强责任感和使命感，牢固树立尊重自然、顺应自然、保护自然的理念，坚持绿水青山就是金山银山。这既是落实全会精神的重要举措，也是基于我国国情作出的重要战略部署。

　　早在2005年，时任浙江省委书记的习近平同志在浙江安吉天荒坪镇余村考察时，就曾首次提出了"绿水青山就是金山银山"的科学论断。经过多年的实践检验，习近平总书记后来再次全面阐述了"两座山论"，即"我们既要绿水青山，也要金山银山。宁要绿水青山，不要金山银山，而且绿水青山就是金山银山"。这三句话从不同角度阐明了发展经济与保护生态二者之间的辩证统一关系，既有侧重又不可分割，构成有机整体。"金山银山"与"绿水青山"这"两座山论"，正在被海内外越来越多的人所知晓和接受。习总书记在国内国际很多场合，以此来阐明生态文明建设的重要性，为美丽中国指引方向。

　　2012年年初，山东省委省政府首次提出建设生态山东的重要决定。当前，山东省正处在全面建设小康社会，推进经济文化强省建设的关键时期和深化改革开放，加快转变经济发展方式的攻坚时期。山东省委省政府研究决定，凝聚全省的智慧和力量，实施生态山东建设，全面提升生态文明水平。切实增强生态山东建设的责任感和紧迫感。在当前和今后一段时期，努力建设经济繁荣、人民富裕、环境优美、社会和谐的生态山东。建设生态山东的奋斗目标是，到2020年，全省基本形成经济社会发展与资源环境承载力相适应的生态经济发展格局，可持续发展能力显著增强，城乡环境质量全面改善，自然生态系统得到有效保护，生态文明观念更加牢固，人民群众富裕文明程度明显提高，率先建成让江河湖泊休养生息的示范省，努力走出一条生产发展、生活富裕、生态良好的文明发展道路。

森林生态服务功能评估成为近些年来国内外研究的热点之一。从"八五"开始，国家林业局在已有工作基础上，积极部署长期定位观测工作，不仅建立了覆盖主要生态类型区的中国森林生态系统定位研究网络（简称 CFERN），对森林的生态功能进行长期定位观测和研究，获得了大量的数据，并在功能评估等关键技术上取得了重要的进展。

借助 CFERN 平台，"中国森林生态服务功能评估"项目组，2006 年，启动"中国森林生态质量状态评估与报告技术"（编号：2006BAD03A0702）"十一五"科技支撑计划；2007 年，启动"中国森林生态系统服务功能定位观测与评估技术"（编号：200704005）国家林业公益性行业科研专项计划，组织开展森林生态服务功能研究与评估测算工作；2008 年，参考国际上有关森林生态服务功能指标体系，结合我国国情、林情，制定了《森林生态系统服务功能评估规范（LY/T1721—2008）》，并对"九五""十五"期间全国森林生态系统涵养水源、固碳释氧等主要生态服务功能的物质量进行了较为系统、全面的测算，为进一步科学评估森林生态系统的价值量奠定了数据基础。

2009 年 11 月 17 日，国务院新闻办举行了第七次全国森林资源清查新闻发布会，国家林业局贾治邦局长首次公布了我国 6 项森林生态系统服务功能价值量合计每年达 10.01 万亿元，相当于全国 GDP 总量的 1/3。评估结果更加全面地反映了森林的多种功能和效益。2015 年，由国家林业局和国家统计局联合启动并下达的"生态文明制度构建中的中国森林资源核算研究"项目的研究成果显示，全国森林生态系统服务功能年价值量达 12.68 万亿元，相当于 2013 年全国 GDP 总量（56.88 万亿元）

的 23.00%，与第七次全国森林资源清查期末相比，增长了 27.00%。该项研究核算方法科学合理、核算过程严密有序，内容也更为全面。在此基础上，目前省级层面上，如安徽、吉林、黑龙江等省份陆续完成了相应的森林生态系统服务功能评估工作，并且取得了良好的效果，为各自所在省份的生态文明建设提供了有力的科学支撑。

济南市位于山东省腹地，是山东半岛与华东、华北和中西部地区联结的重要门户，也是全国交通、信息大通道的重要枢纽，在承接产业转移、配置生产要素、拓展经济腹地、提高综合实力等方面享有得天独厚的优势和条件。济南还是齐鲁文化的交汇地，拥有独特的泉城风貌，正在不断完善城市基础设施、提升服务功能、优化生态环境，并依托泉城文化努力将济南发展成为宜居的生态文化城市。截止到 2015 年年底，济南市林业用地面积为 28.29 万公顷，占全市总土地面积的 34.60%，其中，有林地面积为 24.46 万公顷，占全市总土地面积的 29.91%，全市森林覆盖率达到 35.24%。湿地总面积 2.20 万公顷，占全市总面积的 2.69%。自 2010 年济南市政府作出创建国家森林城市的部署，5 年间共投入创建资金 140 亿元，新造林 108 万亩，建设绿色通道 2855 千米，建设河道景观带 328 千米，新建和晋升市级以上森林公园 23 处、湿地公园 17 处。2015 年，济南市被全国绿化委员会、国家林业局正式授予"国家森林城市"称号。

为了客观、动态、科学地评估济南市森林与湿地生态系统服务功能，准确量化森林与湿地生态系统服务的物质量和价值量，提升林业在济南市国民经济和社会发展中的地位，济南市林业局组织启动了此次评估工作，以中国森林生态系统定位观测研究网络（CFERN）为技术依托，项目组结合济南市森林与湿地资源实际情况，运用森林生态系统连续观测与定期清查体系，以济南市林业局 2015 年发布的森林资源二类调查数据为基础，以 CFERN 多年连续观测数据、国家权威部门和山东省及济南市发布的公共数据和中华人民共和国林业行业标准《森林生态系统服务功能评估规范（LY/T1721—2008）》为依据，采用分布式测算方法，从物质量和价值量两方面，首次对济南市森林生态系统服务进行了效益评价。并以第二次全国湿地资源调查中的济南市湿地资源数据为基础，对济南市湿地生态系统服务功能价值量进行了评估。

本次评估结果显示：截止到2015年年底，济南市林业生态系统服务总价值量288.62亿元／年，相当于2015年济南市GDP的4.65%，其中，森林生态系统服务总价值为264.41亿元／年，湿地生态系统服务总价值为24.21亿元／年。因此，本次评估既是一项反映济南市生态建设成果的工作，也是检验济南市林业发展成就最直观和最好的方法。

本研究报告充分反映了济南市林业生态建设成果，将有助于确定森林与湿地在济南生态环境建设中的主体和作用，并有助于济南市开展森林资源资产负债表的编制工作，以及推动生态效益科学量化补偿和"生态GDP"核算体系的构建，进而推进济南市林业走向森林与湿地生态、经济、社会三大效益统一的科学发展道路，为实现习近平总书记提出的林业工作"三增长"目标提供技术支撑，并对构建生态文明制度、全面建设小康社会、实现中华民族伟大复兴的中国梦不断创造更好的生态条件，帮助人们把"绿水青山值多少金山银山"这笔账核算得更清楚。

编　者

2017年2月

目 录

第六章　济南市森林生态系统服务功能的综合影响分析

第一章

济南市森林生态系统连续
观测与清查体系

济南市森林生态系统服务评估基于济南市森林生态系统连续观测与清查体系（图1-1），（简称济南市森林生态连清体系），是指以生态地理区划为单位，依托国家现有森林生态系统国家定位观测研究站（简称森林生态站）和济南市内的其他林业监测点，采用长期定位观测技术和分布式测算方法，定期对济南市森林生态系统服务进行全指标体系观测与清查，它与济南市森林资源二类调查数据相耦合，评估一定时期和范围内的济南市森林生态系统服务，进一步了解其市内森林生态系统服务的动态变化。

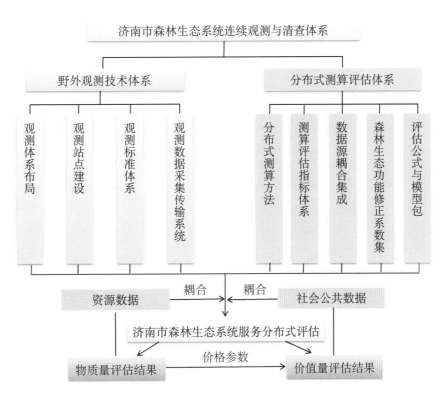

图1-1 济南市森林生态系统连续观测与清查体系框架

第一节 野外观测技术体系

一、济南市森林生态系统服务监测站布局与建设

野外观测技术体系是构建济南市森林生态连清体系的重要基础，为了做好这一基础工作，需要考虑如何构架观测体系布局。国家森林生态站与济南市内各类林业监测点作为济南市森林生态系统服务监测的两大平台，在建设时坚持"统一规划、统一布局、统一建设、统一规范、统一标准，资源整合，数据共享"原则。

森林生态站网络布局是以典型抽样为指导思想，以全国水热分布和森林立地情况为布局基础，选择具有典型性、代表性和层次性明显的区域完成森林生态网络布局。首先，依据《中国森林立地区划图》和《中国地理区域系统》两大区划体系完成中国森林生态区，并将其作为森林生态站网络布局区划的基础。同时，结合重点生态功能区、生物多样性优先保护区，量化并确定我国重点森林生态站的布局区域。最后，将中国森林生态区和重点森林生态站布局区域相结合，作为森林生态站的布局依据，确保每个森林生态区内至少有一个森林生态站，区内如有重点生态功能区，则优先布设森林生态站。

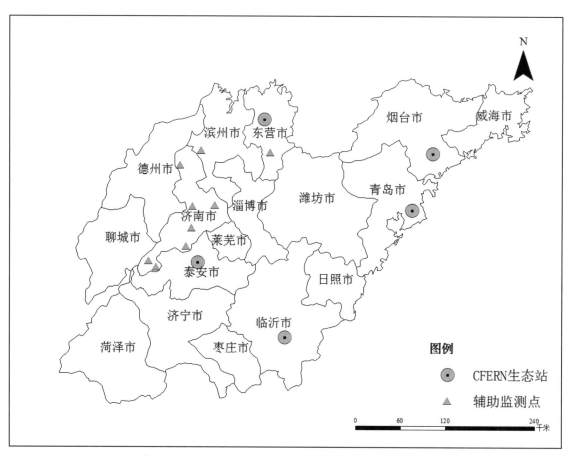

图 1-2 济南市森林生态系统服务监测站点分布

由于自然条件、社会经济发展状况等不尽相同，因此在监测方法和监测指标上应各有侧重。目前，依据山东省 17 个市级行政区的自然、经济、社会的实际情况，将山东省分为 3 个大区，即鲁西北平原区（东营市、滨州市、德州市、聊城市）、鲁中南山地丘陵区（济南市、菏泽市、淄博市、莱芜市、潍坊市、泰安市、枣庄市、临沂市、济宁市、日照市）和鲁东丘陵区（烟台市、威海市、青岛市），对山东省森林生态系统服务监测体系建设进行了详细科学的规划布局。为了保证监测精度和获取足够的监测数据，需要对其中每个区域进行长期定位监测。山东省森林生态系统服务监测站的建设首先要考虑其在区域上的代表，选择能代表该区域主要优势树种（组），且能表征土壤、水文及生境等特征，交通、水电等条件相对便利的典型植被区域。为此，项目组和山东省相关部门进行了大量的前期工作，包括科学规划、站点设置、合理性评估等。

森林生态站作为济南市森林生态系统服务监测站，在济南市森林生态系统服务评估中发挥着极其重要的作用。这些森林生态站中，有分布在济南市北部的黄河三角洲森林生态站（东营市）、南部的泰山森林生态站（泰安市）和临沂森林生态站（临沂市）、东部的昆嵛山森林生态站（烟台市）和青岛森林生态站（青岛市）。此外，在济南市境内及周边地区还有一系列的辅助监测站点和实验样地，主要包括由山东农业大学、山东师范大学等科研院所在济南市南部山区或北部黄河滩地建立的实验样地。

目前山东省的森林生态站和辅助站点在布局上能够充分体现区位优势和地域特色，兼顾了森林生态站布局在国家和地方等层面的典型性和重要性，已形成层次清晰、代表性强的森林生态站网，可以负责相关站点所属区域的森林生态连清工作（图 1-2），同时对济南市森林生态长期监测也起到了重要的服务作用。

借助上述森林生态站以及辅助监测点，可以满足济南市森林生态系统服务监测和科学研究需求。随着政府对生态环境建设形势认识的不断发展，必将建立起山东省森林生态系统服务监测的完备体系，为科学全面地评估济南市乃至山东省林业建设成效奠定坚实的基础。同时，通过各森林生态系统服务监测站点作用长期、稳定的发挥，必将为健全和完善国家生态监测网络，特别是构建完备的林业及其生态建设监测评估体系做出重大贡献。

二、济南市森林生态连清监测评估标准体系

济南市森林生态连清监测评估所依据的标准体系包括从森林生态系统服务监测站点建设到观测指标、观测方法、数据管理乃至数据应用各个阶段的标准（图 1-3）。济南市森林生态系统服务监测站点建设、观测指标、观测方法、数据管理及数据应用的标准化保证了不同站点所提供济南市森林生态连清数据的准确性和可比性，为济南市森林生态系统服务评估的顺利进行提供了保障。

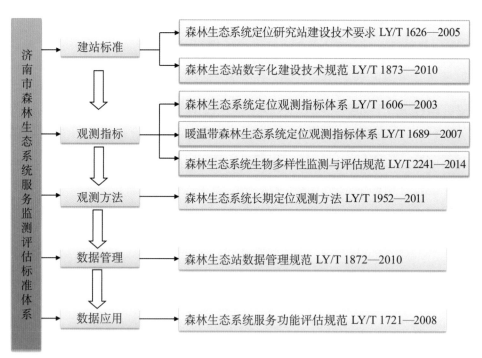

图 1-3　济南市森林生态服务连清监测评估标准体系

第二节　分布式测算评估体系

一、分布式测算方法

分布式测算源于计算机科学，是研究如何把一项整体复杂的问题分割成相对独立运算的单元，并将这些单元分配给多个计算机进行处理，最后将计算结果综合起来，统一合并得出结论的一种科学计算方法（Hagit Attiya, 2008）。

最近，分布式测算项目已经被用于使用世界各地成千上万位志愿者的计算机的闲置计算能力，来解决复杂的数学问题如 GIMPS 搜索梅森素数的分布式网络计算和研究寻找最为安全的密码系统如 RC4 等，这些项目都很庞大，需要惊人的计算量，而分布式计算研究如何把一个需要非常巨大计算能力才能解决的问题分成许多小的部分，然后把这些部分分配给许多计算机进行处理，最后把这些计算结果综合起来得到最终的结果。随着科学的发展，分布式计算已成为一种廉价的、高效的、维护方便的计算方法。

森林生态系统服务功能的测算是一项非常庞大、复杂的系统工程，很适合划分成多个均质化的生态测算单元开展评估（Niu 等，2013）。因此，分布式测算方法是目前评估森林生态系统服务所采用的较为科学有效的方法，通过诸多森林生态系统服务功能评估案例也证实了分布式测算方法能够保证结果的准确性及可靠性（牛香等，2012）。

基于分布式测算方法评估济南市森林生态系统服务功能的具体思路为：首先将济南市按照县/市辖区将济南市划分为历下区、市中区、槐荫区、天桥区、历城区、长清区、章丘

市、平阴县、济阳县、商河县等10个一级测算单元；每个一级测算单元又按不同优势树种
（组）划分为柏类、落叶松、松类、栎类、刺槐、白杨类、黑杨类、泡桐、经济林、灌木林、
竹林、其他等12个二级测算单元；每个二级测算单元再按龄组划分为幼龄林、中龄林、近
熟林、成熟林、过熟林5个三级测算单元，再结合不同立地条件的对比观测，最终确定了
600个相对均质化的生态服务功能评估单元（图1-4）。

基于生态系统尺度的生态服务功能定位实测数据，运用遥感反演、过程机理模型等先进
技术手段，进行由点到面的数据尺度转换，将点上实测数据转换至面上测算数据，即可得到
各生态服务功能评估单元的测算数据。①利用改造的过程机理模型 IBIS（集成生物圈模型），
输入森林生态站各样点的植物功能型类型、优势树种组、植被类型、土壤质地、土壤养分含
量、凋落物储量以及降雨、地表径流等参数，依据中国植被图或遥感信息，推算各生态服务
功能评估单元的涵养水源生态功能数据、保育土壤生态功能数据和固碳释氧生态功能数据。

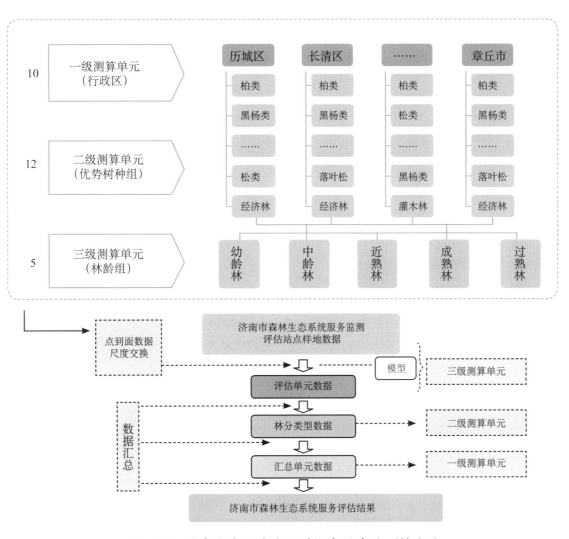

图1-4　济南市森林生态系统服务分布式测算方法

②结合森林生态站长期定位观测的监测数据和济南市年森林资源档案数据（蓄积量、树种组成、龄组等），通过筛选获得基于遥感数据反演的统计模型，推算各生态服务功能评估单元的林木积累营养物质生态功能数据和净化大气环境生态功能数据。将各生态服务功能评估单元的测算数据逐级累加，即可得到济南市森林生态系统服务功能的最终评估结果。

二、监测评估指标体系

森林生态系统是地球生态系统的主体，其生态服务功能体现于生态系统和生态过程所形成的有利于人类生存与发展的生态环境条件与效用。如何真实地反映森林生态系统服务的效果，观测评估指标体系的建立非常重要。

在满足代表性、全面性、简明性、可操作性以及适应性等原则的基础上，通过总结近年的工作及研究经验，本次评估选取的测算评估指标体系主要包括涵养水源、保育土壤、固碳释氧、林木积累营养物质、净化大气环境、森林防护、生物多样性保护和森林游憩等 8 项功能 23 个指标（图 1-5）。其中，降低噪音等指标的测算方法尚未成熟，因此本研究未涉及它们的功能评估。基于相同原因，在吸收污染物指标中不涉及吸收重金属的功能评估。

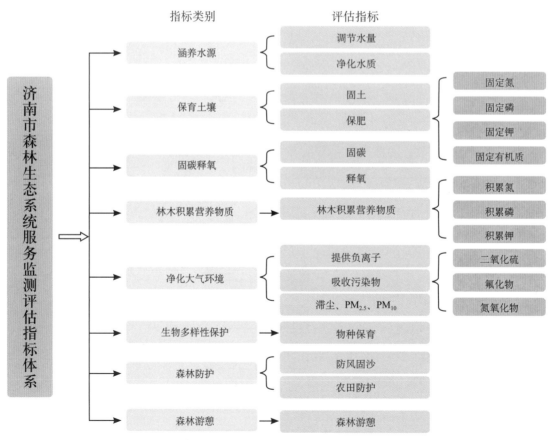

图 1-5 济南市森林生态系统服务测算评估指标体系

三、数据来源与集成

济南市森林生态连清评估分为物质量和价值量两部分。物质量评估所需数据来源于济南市森林生态连清数据集和济南市 2015 年森林资源调查数据集；价值量评估所需数据除以上两个来源外还包括社会公共数据集（图 1-6）。

图 1-6　数据来源与集成

主要的数据来源包括以下三部分：

1. 济南市森林生态连清数据集

济南市森林生态连清数据主要来源于济南市周边的泰山、昆嵛山、青岛、黄河三角洲和临沂 5 个森林生态站和辅助观测点的监测结果，还包括长期固定试验基地及 692 块植物监测固定样地，并依据中华人民共和国林业行业标准《森林生态系统服务功能评估规范》（LY/T 1721—2008）和中华人民共和国林业行业标准《森林生态系统长期定位观测方法》（LY/T 1952—2011）等开展的济南市森林生态连清数据。

2. 济南市森林资源连清数据集

济南市森林资源连清数据集，来源于 2015 年济南市林业局发布的森林资源二类调查数据。

3. 社会公共数据集

社会公共数据来源于我国权威机构所公布的社会公共数据，包括《中国水利年鉴》《中华人民共和国水利部水利建筑工程预算定额》、中国农业信息网（http://www.agri.gov.cn/）、卫生部网站（http://wsb.moh.gov.cn/）、中华人民共和国国家发展和改革委员会第四部委 2003

年第 31 号令《排污费征收标准及计算方法》、济南市物价局网站 (http://www.qpn.gov.cn/) 等。

四、森林生态功能修正系数

在野外数据观测中，研究人员仅能够得到观测站点附近的实测生态数据，对于无法实地观测到的数据，则需要一种方法对已经获得的参数进行修正，因此引入了森林生态功能修正系数 (Forest Ecological Function Correction Coefficient，简称 FEF-CC)。FEF-CC 指评估林分生物量和实测林分生物量的比值，它反映森林生态系统服务评估区域森林的生态质量状况，还可以通过森林生态功能的变化修正森林生态服务的变化。

森林生态系统服务价值的合理测算对绿色国民经济核算具有重要意义，社会进步程度、经济发展水平、森林资源质量等对森林生态系统服务均会产生一定影响，而森林自身结构和功能状况则是体现森林生态系统服务可持续发展的基本前提。"修正"作为一种状态，表明系统各要素之间具有相对"融洽"的关系。当用现有的野外实测值不能代表同一生态单元同一目标优势树种组的结构或功能时，就需要采用森林生态功能修正系数客观地从生态学精度的角度反映同一优势树种（组）在同一区域的真实差异。其理论公式为：

$$FEF\text{-}CC = \frac{B_e}{B_o} = \frac{BEF \cdot V}{B_o} \tag{1-1}$$

式中：$FEF\text{-}CC$——森林生态功能修正系数；

$\quad\quad B_e$——评估林分的单位面积生物量（千克 / 立方米）；

$\quad\quad B_o$——实测林分的单位面积生物量（千克 / 立方米）；

$\quad\quad BEF$——蓄积量与生物量的转换因子；

$\quad\quad V$——评估林分蓄积量（立方米）。

实测林分的生物量可以通过森林生态连清的实测手段来获取，而评估林分的生物量在济南市森林资源二类调查结果中还没有完全统计出来。因此，通过评估林分蓄积量和生物量转换因子（BEF，附表 3），测算评估林分的生物量。

五、贴现率

济南市森林生态系统服务全指标体系连续观测与清查体系价值量评估中，由物质量转价值量时，部分价格参数并非评估年价格参数。因此，需要使用贴现率将非评估年份价格参数换算为评估年份价格参数以计算各项功能价值量的现价。

济南市森林生态系统服务全指标体系连续观测与清查体系价值量评估中所使用的贴现率指将未来现金收益折合成现在收益的比率，贴现率是一种存贷均衡利率，利率的大小，主要根据金融市场利率来决定，其计算公式为：

$$t = (D_r + L_r) / 2 \tag{1-2}$$

式中：t——存贷款均衡利率（%）；

D_r——银行的平均存款利率（%）；

L_r——银行的平均贷款利率（%）。

贴现率利用存贷款均衡利率，将非评估年份价格参数，逐年贴现至评估年的价格参数。贴现率的计算公式为：

$$d = (1 + t_n)(1 + t_{n+1}) \cdots (1 + t_m) \tag{1-3}$$

式中：d——贴现率；

t——存贷款均衡利率（%）；

n——价格参数可获得年份（年）；

m——评估年份（年）。

六、评估公式与模型包

（一）涵养水源功能

森林涵养水源功能主要是指森林对降水的截留、吸收和贮存，将地表水转为地表径流或地下水的作用（图1-7）。主要功能表现在增加可利用水资源、净化水质和调节径流

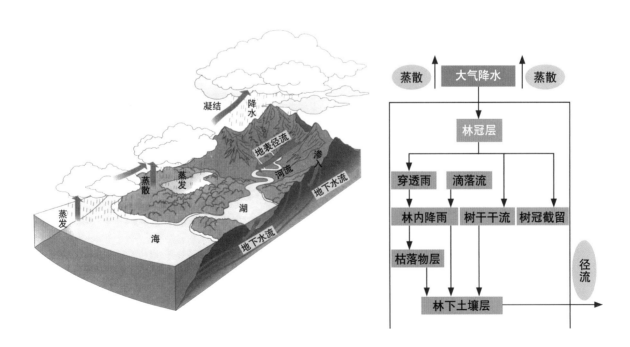

图1-7　全球水循环及森林对降水的再分配示意

三个方面。本研究选定 2 个指标，即调节水量指标和净化水质指标，以反映森林的涵养水源功能。

1. 调节水量指标

（1）年调节水量。森林生态系统年调节水量公式为：

$$G_{调} = 10A \cdot (P - E - C) \cdot F \tag{1-4}$$

式中：$G_{调}$——实测林分年调节水量（立方米／年）；

P——实测林外降水量（毫米／年）；

E——实测林分蒸散量（毫米／年）；

C——实测地表快速径流量（毫米／年）；

A——林分面积（公顷）；

F——森林生态功能修正系数。

（2）年调节水量价值。森林生态系统年调节水量价值根据水库工程的蓄水成本（替代工程法）来确定，采用如下公式计算：

$$U_{调} = 10C_{库} \cdot A \cdot (P - E - C) \cdot F \cdot d \tag{1-5}$$

式中：$U_{调}$——实测林分年调节水量价值（元／年）；

$C_{库}$——水库库容造价（元／立方米，见附表 4）；

P——实测林外降水量（毫米／年）；

E——实测林分蒸散量（毫米／年）；

C——实测地表快速径流量（毫米／年）；

A——林分面积（公顷）；

F——森林生态功能修正系数；

d——贴现率。

2. 净化水质指标

（1）年净化水量。森林生态系统年净化水量采用年调节水量的公式：

$$G_{净} = 10A \cdot (P - E - C) \cdot F \tag{1-6}$$

式中：$G_{净}$——实测林分年净化水量（立方米／年）；

P——实测林外降水量（毫米／年）；

E——实测林分蒸散量（毫米／年）；

C——实测地表快速径流量（毫米／年）；

A——林分面积（公顷）；

F——森林生态功能修正系数。

（2）净化水质价值。森林生态系统年净化水质价值根据济南市净化水质工程的成本（替代工程法）计算，采用如下公式计算：

$$U_{水质} = 10K_水 \cdot A \cdot (P - E - C) \cdot F \cdot d \tag{1-7}$$

式中：$U_{水质}$——实测林分净化水质价值（元／年）；

$K_水$——水的净化费用（元／立方米，见附表4）；

P——实测林外降水量（毫米／年）；

E——实测林分蒸散量（毫米／年）；

C——实测地表快速径流量（毫米／年）；

A——林分面积（公顷）；

F——森林生态功能修正系数；

d——贴现率。

（二）保育土壤功能

森林凭借庞大的树冠、深厚的枯枝落叶层及强壮且成网络的根系截留大气降水，减少或免遭雨滴对土壤表层的直接冲击，有效地固持土体，降低了地表径流对土壤的冲蚀，使土壤流失量大大降低。而且森林的生长发育及其代谢产物不断对土壤产生物理及化学影响，参与土体内部的能量转换与物质循环，使土壤肥力提高，森林是土壤养分的主要来源之一（图1-8）。为此，本研究选用2个指标，即固土指标和保肥指标，以反映森林保育土壤功能。

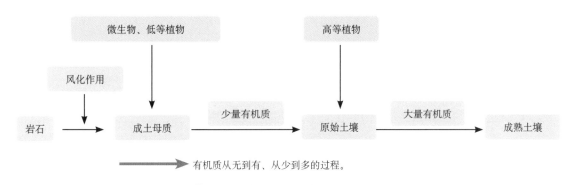

图1-8　植被对土壤形成的作用

1.固土指标

（1）年固土量。林分年固土量公式为：

$$G_{固土} = A \cdot (X_2 - X_1) \cdot F \tag{1-8}$$

式中：$G_{固土}$——实测林分年固土量（吨／年）；

　　　X_1——有林地土壤侵蚀模数［吨／（公顷·年）］；

　　　X_2——无林地土壤侵蚀模数［吨／（公顷·年）］；

　　　A——林分面积（公顷）；

　　　F——森林生态功能修正系数。

（2）年固土价值。由于土壤侵蚀流失的泥沙淤积于水库中，减少了水库蓄积水的体积，因此本研究根据蓄水成本（替代工程法）计算林分年固土价值，公式为：

$$U_{固土} = A \cdot C_{土} \cdot (X_2 - X_1) \cdot F \cdot d / \rho \tag{1-9}$$

式中：$U_{固土}$——实测林分年固土价值（元／年）；

　　　X_1——有林地土壤侵蚀模数［吨／（公顷·年）］；

　　　X_2——无林地土壤侵蚀模数［吨／（公顷·年）］；

　　　$C_{土}$——挖取和运输单位体积土方所需费用（元／立方米，见附表4）；

　　　ρ——土壤容重（克／立方厘米）；

　　　A——林分面积（公顷）；

　　　F——森林生态功能修正系数；

　　　d——贴现率。

2. 保肥指标

（1）年保肥量。林分年保肥量计算公式：

$$G_N = A \cdot N \cdot (X_2 - X_1) \cdot F \tag{1-10}$$

$$G_P = A \cdot P \cdot (X_2 - X_1) \cdot F \tag{1-11}$$

$$G_K = A \cdot K \cdot (X_2 - X_1) \cdot F \tag{1-12}$$

$$G_{有机质} = A \cdot M \cdot (X_2 - X_1) \cdot F \tag{1-13}$$

式中：G_N——森林固持土壤而减少的氮流失量（吨／年）；

　　　G_P——森林固持土壤而减少的磷流失量（吨／年）；

　　　G_K——森林固持土壤而减少的钾流失量（吨／年）；

　　　$G_{有机质}$——森林固持土壤而减少的有机质流失量（吨／年）；

　　　X_1——有林地土壤侵蚀模数［吨／（公顷·年）］；

　　　X_2——无林地土壤侵蚀模数［吨／（公顷·年）］；

　　　N——森林土壤平均含氮量（%）；

　　　P——森林土壤平均含磷量（%）；

　　　K——森林土壤平均含钾量（%）；

M——森林土壤平均有机质含量（%）；

A——林分面积（公顷）；

F——森林生态功能修正系数。

（2）年保肥价值。年固土量中氮、磷、钾的数量换算成化肥即为林分年保肥价值。本研究的林分年保肥价值以固土量中的氮、磷、钾数量折合成磷酸二铵化肥和氯化钾化肥的价值来体现。公式为：

$$U_{肥} = A \cdot (X_2 - X_1) \cdot \left(\frac{N \cdot C_1}{R_1} + \frac{P \cdot C_1}{R_2} + \frac{K \cdot C_2}{R_3} + M \cdot C_3 \right) \cdot F \cdot d \tag{1-14}$$

式中：$U_{肥}$——实测林分年保肥价值（元／年）；

X_1——有林地土壤侵蚀模数［吨／（公顷·年）］；

X_2——无林地土壤侵蚀模数［吨／（公顷·年）］；

N——森林土壤平均含氮量（%）；

P——森林土壤平均含磷量（%）；

K——森林土壤平均含钾量（%）；

M——森林土壤平均有机质含量（%）；

R_1——磷酸二铵化肥含氮量（%）；

R_2——磷酸二铵化肥含磷量（%）；

R_3——氯化钾化肥含钾量（%）；

C_1——磷酸二铵化肥价格（元／吨，见附表4）；

C_2——氯化钾化肥价格（元／吨，见附表4）；

C_3——有机质价格（元／吨，见附表4）；

A——林分面积（公顷）；

F——森林生态功能修正系数；

d——贴现率。

（三）固碳释氧功能

森林与大气的物质交换主要是二氧化碳与氧气的交换，即森林固定并减少大气中的二氧化碳和提高并增加大气中的氧气（图1-9），这对维持大气中的二氧化碳和氧气动态平衡、减少温室效应以及为人类提供生存的基础都有巨大和不可替代的作用。为此，本研究选用固碳、释氧2个指标反映森林生态系统固碳释氧功能。根据光合作用化学反应式，森林植被每积累1.00克干物质，可以吸收（固定）1.63克二氧化碳，释放1.19克氧气。

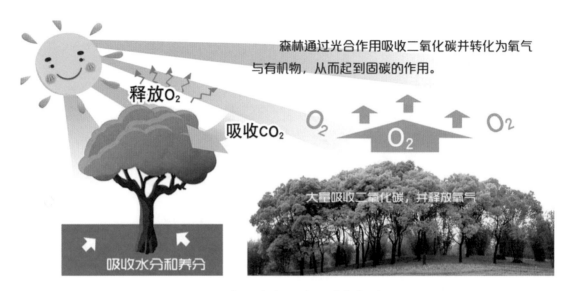

图 1-9　森林生态系统固碳释氧作用

1. 固碳指标

（1）植被和土壤年固碳量。公式为：

$$G_{碳} = A \cdot (1.63 R_{碳} \cdot B_{年} + F_{土壤碳}) \cdot F \tag{1-15}$$

式中：$G_{碳}$——实测林分年固碳量（吨／年）；

$B_{年}$——实测林分年净生产力[吨／（公顷·年）]；

$F_{土壤碳}$——单位面积林分土壤年固碳量[吨／（公顷·年）]；

$R_{碳}$——二氧化碳中碳的含量，为 27.27%；

A——林分面积（公顷）；

F——森林生态功能修正系数。

公式计算得出森林的潜在年固碳量，再从其中减去由于森林年采伐造成的生物量移出从而损失的碳量，即为森林的实际年固碳量。

（2）年固碳价值。林分植被和土壤年固碳价值的计算公式为：

$$U_{碳} = A \cdot C_{碳} \cdot (1.63 R_{碳} \cdot B_{年} + F_{土壤碳}) \cdot F \cdot d \tag{1-16}$$

式中：$U_{碳}$——实测林分年固碳价值（元／年）；

$B_{年}$——实测林分净生产力[吨／（公顷·年）]；

$F_{土壤碳}$——单位面积森林土壤年固碳量[吨／（公顷·年）]；

$C_{碳}$——固碳价格（元／吨，见附表4）；

$R_{碳}$——二氧化碳中碳的含量，为 27.27%；

A——林分面积（公顷）；

F——森林生态功能修正系数；

d——贴现率。

公式得出森林的潜在年固碳价值，再从其中减去由于森林年采伐消耗量造成的碳损失，即为森林的实际年固碳价值。

2. 释氧指标

（1）年释氧量。公式为：

$$G_{氧气} = 1.19\,A \cdot B_{年} \cdot F \tag{1-17}$$

式中：$G_{氧气}$——实测林分年释氧量（吨／年）；

$B_{年}$——实测林分净生产力［吨／（公顷·年）］；

A——林分面积（公顷）；

F——森林生态功能修正系数。

（2）年释氧价值。公式为：

$$U_{氧} = 1.19\,C_{氧} \cdot A \cdot B_{年} \cdot F \cdot d \tag{1-18}$$

式中：$U_{氧}$——实测林分年释氧价值（元／年）；

$B_{年}$——实测林分年净生产力［吨／（公顷·年）］；

$C_{氧}$——制造氧气的价格（元／吨，见附表4）；

A——林分面积（公顷）；

F——森林生态功能修正系数；

d——贴现率。

（四）林木积累营养物质

森林在生长过程中不断从周围环境吸收氮、磷、钾等营养物质，并储存体内各器官，这些营养元素一部分通过生物地球化学循环以枯枝落叶形式返还土壤，一部分以树干淋洗和地表径流等形式流入江河湖泊，另一部分以林产品形式输出生态系统，再以不同形式释放到周围环境中。营养元素固定在植物体中，成为全球生物化学循环不可缺少的环节，为此，本研究选用林木营养积累指标反映森林林木积累营养物质功能。

1. 林木营养物质年积累量

公式为：

$$G_{氮} = A \cdot N_{营养} \cdot B_{年} \cdot F \tag{1-19}$$

$$G_{磷} = A \cdot P_{营养} \cdot B_{年} \cdot F \tag{1-20}$$

$$G_{钾} = A \cdot K_{营养} \cdot B_{年} \cdot F \qquad (1\text{-}21)$$

式中：$G_{氮}$——植被固氮量（吨／年）；

$\quad\quad G_{磷}$——植被固磷量（吨／年）；

$\quad\quad G_{钾}$——植被固钾量（吨／年）；

$\quad\quad N_{营养}$——林木氮元素含量（%）；

$\quad\quad P_{营养}$——林木磷元素含量（%）；

$\quad\quad K_{营养}$——林木钾元素含量（%）；

$\quad\quad B_{年}$——实测林分年净生产力 [吨／（公顷·年）]；

$\quad\quad A$——林分面积（公顷）；

$\quad\quad F$——森林生态功能修正系数。

2. 林木营养年积累价值

采取把营养物质折合成磷酸二铵化肥和氯化钾化肥方法计算林木营养积累价值，计算公式为：

$$U_{营养} = A \cdot B \cdot \left(\frac{N_{营养} \cdot C_1}{R_1} + \frac{P_{营养} \cdot C_1}{R_2} + \frac{K_{营养} \cdot C_2}{R_3} \right) \cdot F \cdot d \qquad (1\text{-}22)$$

式中：$U_{营养}$——实测林分氮、磷、钾年增加价值（元／年）；

$\quad\quad N_{营养}$——实测林木含氮量（%）；

$\quad\quad P_{营养}$——实测林木含磷量（%）；

$\quad\quad K_{营养}$——实测林木含钾量（%）；

$\quad\quad R_1$——磷酸二铵含氮量（%）；

$\quad\quad R_2$——磷酸二铵含磷量（%）；

$\quad\quad R_3$——氯化钾含钾量（%）；

$\quad\quad C_1$——磷酸二铵化肥价格（元／吨，见附表4）；

$\quad\quad C_2$——氯化钾化肥价格（元／吨，见附表4）；

$\quad\quad B$——实测林分年净生产力 [吨／（公顷·年）]；

$\quad\quad A$——林分面积（公顷）；

$\quad\quad F$——森林生态功能修正系数；

$\quad\quad d$——贴现率。

（五）净化大气环境功能

近年**雾霾**天气频繁、大范围的出现，使空气质量状况成为民众和政府部门的关注焦点，大气颗粒物（如 PM_{10}、$PM_{2.5}$、TSP）被认为是造成雾霾天气的罪魁出现在人们的视野中。如何控制大气污染、改善空气质量成为科学研究的热点。

　　森林能有效吸收有害气体和阻滞粉尘，还能释放氧气与萜烯物，从而起到净化大气作用（图 1-10）。为此，本研究选取提供负离子、吸收污染物（二氧化硫、氟化物和氮氧化物）、滞尘、滞纳 PM_{10} 和 $PM_{2.5}$ 等 7 个指标反映森林净化大气环境能力，由于降低噪音指标计算方法尚不成熟，所以本研究中不涉及降低噪音指标。

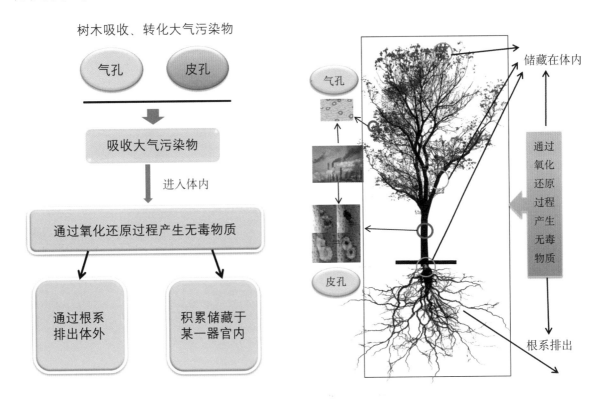

图 1-10　树木吸收空气污染物示意

1. 提供负离子指标

（1）年提供负离子量。公式为：

$$G_{负离子} = 5.256 \times 10^{15} \cdot Q_{负离子} \cdot A \cdot H \cdot F / L \tag{1-23}$$

式中：$G_{负离子}$——实测林分年提供负离子个数（个/年）；

　　　$Q_{负离子}$——实测林分负离子浓度（个/立方厘米）；

　　　H——林分高度（米）；

　　　L——负离子寿命（分钟）；

　　　A——林分面积（公顷）；

　　　F——森林生态功能修正系数。

（2）年提供负离子价值。国内外研究证明，当空气中负离子达到 600 个/立方厘米以上时，才能有益人体健康，所以林分年提供负离子价值采用如下公式计算：

$$U_{负离子} = 5.256 \times 10^{15} \cdot A \cdot H \cdot K_{负离子} \cdot (Q_{负离子} - 600) \cdot F \cdot d / L \qquad (1\text{-}24)$$

式中：$U_{负离子}$——实测林分年提供负离子价值（元／年）；

$\quad\quad K_{负离子}$——负离子生产费用（元／个，见附表4）；

$\quad\quad Q_{负离子}$——实测林分负离子浓度（个／立方厘米）；

$\quad\quad L$——负离子寿命（分钟）；

$\quad\quad H$——林分高度（米）；

$\quad\quad A$——林分面积（公顷）；

$\quad\quad F$——森林生态功能修正系数；

$\quad\quad d$——贴现率。

2. 吸收污染物指标

二氧化硫、氟化物和氮氧化物是大气污染物的主要物质（图 1-11）。因此，本研究选取森林吸收二氧化硫、氟化物和氮氧化物 3 个指标核算森林吸收污染物的能力。森林对二氧化硫、氟化物和氮氧化物的吸收，可使用面积 - 吸收能力法、阈值法、叶干质量估算法等。本研究采用面积 - 吸收能力法核算森林吸收污染物的总量和价值。

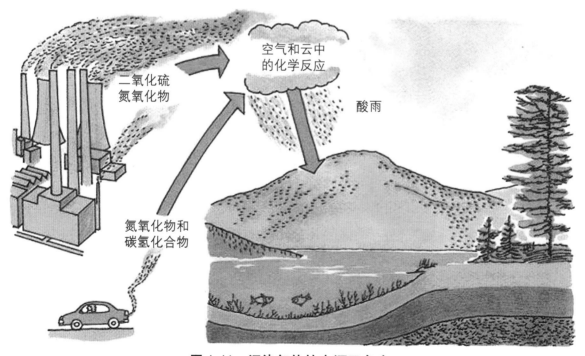

图 1-11　污染气体的来源及危害

（1）吸收二氧化硫。

① 林分年吸收二氧化硫量计算公式：

$$G_{二氧化硫} = Q_{二氧化硫} \cdot A \cdot F / 1000 \qquad (1-25)$$

式中：$G_{二氧化硫}$——实测林分年吸收二氧化硫量（吨/年）；

　　　$Q_{二氧化硫}$——单位面积实测林分年吸收二氧化硫量[千克/（公顷·年）]；

　　　A——林分面积（公顷）；

　　　F——森林生态功能修正系数。

② 林分年吸收二氧化硫价值计算公式：

$$U_{二氧化硫} = K_{二氧化硫} \cdot Q_{二氧化硫} \cdot A \cdot F \cdot d \qquad (1-26)$$

式中：$U_{二氧化硫}$——实测林分年吸收二氧化硫价值（元/年）；

　　　$K_{二氧化硫}$——二氧化硫的治理费用（元/千克，见附表4）；

　　　$Q_{二氧化硫}$——单位面积实测林分年吸收二氧化硫量[千克/（公顷·年）]；

　　　A——林分面积（公顷）；

　　　F——森林生态功能修正系数；

　　　d——贴现率。

（2）吸收氟化物。

① 林分吸收氟化物年量计算公式：

$$G_{氟化物} = Q_{氟化物} \cdot A \cdot F / 1000 \qquad (1-27)$$

式中：$G_{氟化物}$——实测林分年吸收氟化物量（吨/年）；

　　　$Q_{氟化物}$——单位面积实测林分年吸收氟化物量[千克/（公顷·年）]；

　　　A——林分面积（公顷）；

　　　F——森林生态功能修正系数。

② 林分年吸收氟化物价值计算公式：

$$U_{氟化物} = K_{氟化物} \cdot Q_{氟化物} \cdot A \cdot F \cdot d \qquad (1-28)$$

式中：$U_{氟化物}$——实测林分年吸收氟化物价值（元/年）；

　　　$Q_{氟化物}$——单位面积实测林分年吸收氟化物量[千克/（公顷·年）]；

　　　$K_{氟化物}$——氟化物治理费用（元/千克，见附表4）；

　　　A——林分面积（公顷）；

　　　F——森林生态功能修正系数；

d——贴现率。

（3）吸收氮氧化物。

① 林分氮氧化物年吸收量计算公式：

$$G_{氮氧化物}＝Q_{氮氧化物}·A·F/1000 \tag{1-29}$$

式中：$G_{氮氧化物}$——实测林分年吸收氮氧化物量（吨／年）；

$Q_{氮氧化物}$——单位面积实测林分年吸收氮氧化物量［千克／（公顷·年）］；

A——林分面积（公顷）；

F——森林生态功能修正系数。

② 年吸收氮氧化物量价值计算公式如下：

$$U_{氮氧化物}＝K_{氮氧化物}·Q_{氮氧化物}·A·F·d \tag{1-30}$$

式中：$U_{氮氧化物}$——实测林分年吸收氮氧化物价值（元／年）；

$K_{氮氧化物}$——氮氧化物治理费用（元／千克，见附表4）；

$Q_{氮氧化物}$——单位面积实测林分年吸收氮氧化物量［千克／（公顷·年）］；

A——林分面积（公顷）；

F——森林生态功能修正系数；

d——贴现率。

3. 滞尘指标

森林有阻挡、过滤和吸附粉尘的作用，可提高空气质量。因此滞尘功能是森林生态系统重要的服务功能之一。鉴于近年来人们对 PM_{10} 和 $PM_{2.5}$ 的关注，本研究在评估总滞尘量及其价值的基础上，将 PM_{10} 和 $PM_{2.5}$ 从总滞尘量中分离出来进行了单独的物质量和价值量评估。

（1）年总滞尘量。公式为：

$$G_{滞尘}＝Q_{滞尘}·A·F/1000 \tag{1-31}$$

式中：$G_{滞尘}$——实测林分年滞尘量（吨／年）；

$Q_{滞尘}$——单位面积实测林分年滞尘量［千克／（公顷·年）］；

A——林分面积（公顷）；

F——森林生态功能修正系数。

（2）年滞尘价值。

本研究中，用健康危害损失法计算林分滞纳 PM_{10} 和 $PM_{2.5}$ 的价值。其中，PM_{10} 采用的是治疗因为空气颗粒物污染而引发的上呼吸道疾病的费用，$PM_{2.5}$ 采用的是治疗因为空气颗粒物污染而引发的下呼吸道疾病的费用。林分滞纳其余颗粒物的价值仍选用降尘清理费用计算。

年滞尘价值计算公式如下：

$$U_{滞尘} = (G_{滞尘} - G_{PM_{10}} - G_{PM_{2.5}}) \cdot A \cdot K_{滞尘} \cdot F \cdot d + U_{PM_{10}} + U_{PM_{2.5}} \tag{1-32}$$

式中：$U_{滞尘}$——实测林分年滞尘价值（元／年）；

$\quad G_{滞尘}$——单位面积实测林分年滞尘量 [千克／（公顷·年）]；

$\quad G_{PM_{10}}$——单位面积实测林分年滞纳 PM_{10} 量 [千克／（公顷·年）]；

$\quad G_{PM_{2.5}}$——单位面积实测林分年滞纳 $PM_{2.5}$ 量 [千克／（公顷·年）]；

$\quad U_{PM_{10}}$——实测林分年滞纳 PM_{10} 的价值（元／年）；

$\quad U_{PM_{2.5}}$——实测林分年滞纳 $PM_{2.5}$ 的价值（元／年）；

$\quad K_{滞尘}$——降尘清理费用（元／千克，见附表4）；

$\quad A$——林分面积（公顷）；

$\quad F$——森林生态功能修正系数；

$\quad d$——贴现率。

4. 滞纳 $PM_{2.5}$（图 1-12）

（1）年滞纳 $PM_{2.5}$ 量。

$$G_{PM_{2.5}} = 10 \cdot Q_{PM_{2.5}} \cdot A \cdot n \cdot F \cdot LAI \tag{1-33}$$

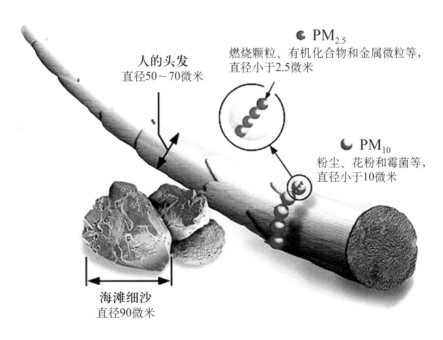

图 1-12　$PM_{2.5}$ 颗粒直径示意

式中：$G_{PM_{2.5}}$——实测林分年滞纳 $PM_{2.5}$ 量（千克／年）；

$Q_{PM_{2.5}}$——实测林分单位叶面积滞纳 $PM_{2.5}$ 量（克／平方米）

A——林分面积（公顷）；

F——森林生态功能修正系数；

n——年洗脱次数；

LAI——叶面积指数。

（2）年滞纳 $PM_{2.5}$ 价值。

$$U_{PM_{2.5}} = 10 \cdot C_{PM_{2.5}} \cdot Q_{PM_{2.5}} \cdot A \cdot n \cdot F \cdot LAI \cdot d \qquad (1\text{-}34)$$

式中：$U_{PM_{2.5}}$——实测林分年滞纳 $PM_{2.5}$ 价值（元／年）；

$C_{PM_{2.5}}$——由 $PM_{2.5}$ 所造成的健康危害经济损失（治疗下呼吸道疾病的费用）（元／千克）；

$Q_{PM_{2.5}}$——实测林分单位叶面积滞纳 $PM_{2.5}$ 量（克／平方米）；

A——林分面积（公顷）；

n——洗脱次数；

F——森林生态功能修正系数；

LAI——叶面积指数；

d——贴现率。

5. 滞纳 PM_{10}

（1）年滞纳 PM_{10} 量。

$$G_{PM_{10}} = 10 \cdot Q_{PM_{10}} \cdot A \cdot n \cdot F \cdot LAI \qquad (1\text{-}35)$$

式中：$G_{PM_{10}}$——实测林分年滞纳 PM_{10} 量（千克／年）；

$Q_{PM_{10}}$——实测林分单位叶面积滞纳 PM_{10} 量（克／平方米）

A——林分面积（公顷）；

F——森林生态功能修正系数；

n——年洗脱次数；

LAI——叶面积指数。

（2）年滞纳 PM_{10} 价值。

$$U_{PM_{10}} = 10 \cdot C_{PM_{10}} \cdot Q_{PM_{10}} \cdot A \cdot n \cdot F \cdot LAI \cdot d \qquad (1\text{-}36)$$

式中：$U_{PM_{10}}$——实测林分年滞纳 PM_{10} 价值（元／年）；

$C_{PM_{10}}$——由 PM_{10} 所造成的健康危害经济损失（治疗上呼吸道疾病的费用）

（元 / 千克）；

$Q_{PM_{10}}$——实测林分单位叶面积滞纳 PM_{10} 量（克 / 平方米）；

A——林分面积（公顷）；

n——洗脱次数；

LAI——叶面积指数；

d——贴现率。

（六）森林防护功能

植被根系能够固定土壤，改善土壤结构，降低土壤的裸露程度；地上部分能够增加地表粗糙程度，降低风速，阻截风沙。地上地下的共同作用能够减弱风的强度和携沙能力，减少土壤流失和风沙的危害。

农田防护功能的价值量计算公式：

$$U_{农田防护} = V \cdot M \cdot K \tag{1-37}$$

式中：$U_{农田防护}$——实测林分农田防护功能的价值量（元 / 年）；

V——稻谷价格（元 / 千克，见附表 4）；

M——农作物、牧草平均增长量（千克 / 年，见附表 4）；

K——平均 1 公顷农田防护林能够实现农田防护面积为 19 公顷。

草方格沙障能够通过增大地表粗糙度、减缓风力、增加地表覆盖和截留水分，以利用植被生长起到固沙的目的。本研究中计算人工铺设草方格技术的防风固沙功能，计算公式如下：

$$U_f = A_f \cdot K_f \cdot (Y_2 - Y_1) \cdot d \tag{1-38}$$

式中：U_f——森林防风固沙功能的价值量（元）；

A_f——实测林分防风固沙林面积（公顷）；

K_f——草方格固沙成本（元 / 吨，见附表 4）；

Y_1——有林地风蚀模数 [吨 /（公顷·年）]；

Y_2——无林地风蚀模数 [吨 /（公顷·年）]；

d——贴现率。

（七）生物多样性保护价值

生物多样性维护了自然界的生态平衡，并为人类的生存提供了良好的环境条件。生物多样性是生态系统不可缺少的组成部分，对生态系统服务功能的发挥具有十分重要的作用。

Shannon-Wiener 指数是反映森林中物种的丰富度和分布均匀程度的经典指标。传统Shannon-Wiener 指数对生物多样性保护等级的界定不够全面。本研究增加濒危指数、特有种指数以及古树年龄指数对生物多样性保护价值进行核算，以利于生物资源的合理利用和相关部门保护工作的合理分配。

修正后的生物多样性保护功能核算公式如下：

$$U_{总}=\left(1+0.1\sum_{m=1}^{X}E_{m}+0.1\sum_{n=1}^{Y}B_{n}+0.1\sum_{r=1}^{Z}O_{r}\right)\cdot S_{生}\cdot A\cdot d \tag{1-39}$$

式中：$U_{总}$——实测林分年生物多样性保护价值（元／年）；

E_{m}——实测林分或区域内物种m的濒危指数（表1-1）；

B_{n}——实测林分或区域内物种n的特有种指数（表1-2）；

O_{r}——实测林分或区域内物种r的古树年龄指数（表1-3）；

表 1-1　濒危指数体系

濒危指数	濒危等级	物种种类
4	极危	参见《中国物种红色名录（第一卷）：红色名录》
3	濒危	
2	易危	
1	近危	

表 1-2　特有种指数体系

特有种指数	分布范围
4	仅限于范围不大的山峰或特殊的自然地理环境下分布
3	仅限于某些较大的自然地理环境下分布的类群，如仅分布于较大的海岛（岛屿）、高原、若干个山脉等
2	仅限于某个大陆分布的分类群
1	至少在2个大陆都有分布的分类群
0	世界广布的分类群

注：参见《植物特有现象的量化》（苏志尧，1999）。

表 1-3　古树年龄指数体系

古树年龄	指数等级	来源及依据
100~299年	1	参见全国绿化委员会、国家林业局文件《关于开展古树名木普查建档工作的通知》
300~499年	2	
≥500年	3	

x——计算濒危指数物种数量；

y——计算特有种指数物种数量；

z——计算古树年龄指数物种数量；

$S_\text{生}$——单位面积物种多样性保护价值量［元／（公顷·年)］（附表 4）；

A——林分面积（公顷）；

d——贴现率。

本研究根据 Shannon-Wiener 指数计算生物多样性保护价值，共划分 7 个等级：

当指数 <1 时，$S_\text{生}$ 为 3000［元／（公顷·年)］；

当 1≤指数< 2 时，$S_\text{生}$ 为 5000［元／（公顷·年)］；

当 2≤指数< 3 时，$S_\text{生}$ 为 10000［元／（公顷·年)］；

当 3≤指数< 4 时，$S_\text{生}$ 为 20000［元／（公顷·年)］；

当 4≤指数< 5 时，$S_\text{生}$ 为 30000［元／（公顷·年)］；

当 5≤指数< 6 时，$S_\text{生}$ 为 40000［元／（公顷·年)］；

当指数≥ 6 时，$S_\text{生}$ 为 50000［元／（公顷·年)］。

（八）森林游憩价值

森林游憩是指森林生态系统为人类提供休闲和娱乐场所所产生的价值，包括直接价值和间接价值，采用林业旅游与休闲产值替代法进行核算。

2015 年济南市围绕打造山、泉、湖、河、城与森林融为一体的新型泉城生态旅游名片，加强了森林公园、湿地公园和自然保护区的基础设施建设，提高了其观光、休闲、健身、旅游服务功能；全市每年参与赏花节、鲜桃采摘和林果体验活动人数达 220 多万人次，创造的森林旅游年总收入达到 12 亿元。

（九）济南市森林生态服务总价值评估

济南市森林生态服务总价值为上述各分项生态系统服务价值之和，计算式为：

$$U_I = \sum_{i=1}^{23} U_i \tag{1-40}$$

式中：U_I——济南市森林生态系统服务年总价值（元／年）；

U_i——济南市森林生态系统服务各分项年价值（元／年）。

第二章
济南市自然资源概况

第一节　自然地理概况

一、地理位置

济南市地处山东省西北部，地理坐标为 116°11′～117°44′E，36°2′～37°31′N（图2-1）。西接聊城市东阿县，北临德州市齐河县、禹城市、乐陵市，东连滨州市阳信县、惠民县、邹平县以及淄博市的周村区、淄川区和博山区，南抵莱芜市莱城区和泰安市的泰山区、郊区、肥城市、东平县。总面积为 7995 平方千米，占山东省总面积的 5.2%。截至 2013 年，济南辖 6 个市辖区、3 个县、1 个县级市。市辖区：市中区、历下区、天桥区、槐荫区、历城区、长清区；县：平阴县、济阳县、商河县；县级市：章丘市。

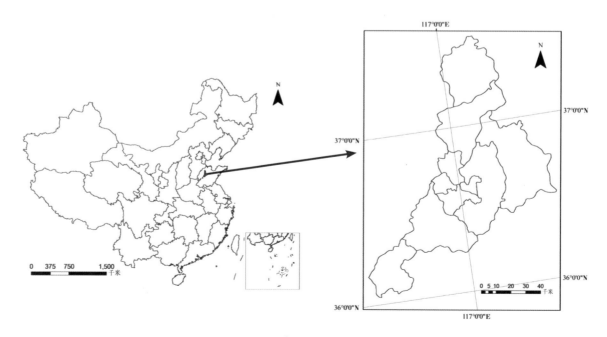

图 2-1　济南市地理位置示意

二、地形地貌

济南市地势南高北低，主要地貌类型为低山、丘陵和平原。由南向北依次为南部低山丘陵区、中部山前平原区、北部黄河冲积平原区（图2-2）。其中，黄河自西南至东北流经该区中部。低山—丘陵—平原的过渡呈明显的阶梯状。该区海拔最高988.8米，位于长清区摩天岭；海拔最低8.5米，位于商河县韩庙乡。

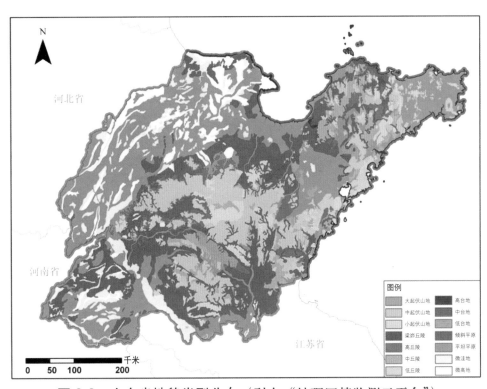

图2-2　山东省地貌类型分布（引自"地理国情监测云平台"）

南部低山丘陵区主要由变质岩山区和石灰岩山区构成，总面积3100多平方千米。变质岩山区山体坡度大，山顶多浑圆，海拔在400～900米之间，面积为825平方千米。自东向西依次经过章丘市垛庄镇，历城区的西营镇、柳埠镇、高而乡，以及长清区的武家庄乡、万德镇和马山镇。区内主要以片麻岩、变粒岩、角闪岩等其他混合岩体为主，变质深，片理发育，由于长期风化侵蚀，地表松散砂砾物质较多，容易流失，形成了当地的"砂石山地"。石灰岩山区以丘陵为主，海拔在100～400米之间，面积约2660平方千米。该区呈纺锤状分布于章丘市和历城区南部，长清区和平阴县中部，跨度长约155千米，东西两端宽约10千米，中部宽度达30千米。区内丘谷相间，山体较缓，两端多南北走向，中部多西北至东南走向，由于水流冲蚀，冲沟发育，谷地和山前有黄土堆积。

中部山前平原主要分布于黄河以南，与南部低山丘陵区衔接；北部黄河冲积平原区，海拔较低，一般20～50米，沉积厚度达几十到几百米。中部和北部平原面积总和为5000多平方千米。

三、气候条件

济南位于山东半岛内陆，受胶东丘陵以及鲁中南山地丘陵的阻挡，海洋性气候不明显，属于暖温带半湿润季风型气候。该区季风明显，四季分明，春季干旱少雨，夏季炎热多雨，秋季干燥少雨，冬季寒冷少雪。年平均气温 14.1℃，极端最高气温 42.5℃，极端最低气温 -19.7℃，最热月均温 27.2℃（7 月），最冷月均温 -3.2℃（1 月）。常年主导风向为西北—东南风，平均风速 3.3 米 / 秒，最大风速 33.0 米 / 秒（图 2-3）。

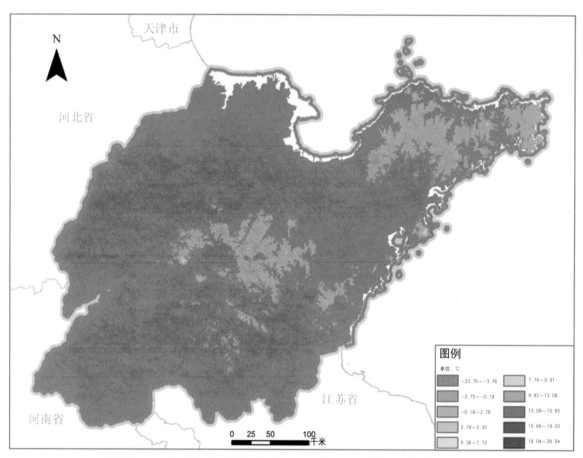

图 2-3　山东省平均气温空间分布（引自"地理国情监测云平台"）

该区年日照时数 2490~2730 小时，日平均 6.8~7.5 小时。年均太阳辐射总量在 121~128 千焦 / 平方厘米，属于山东省辐射高值区。日均温稳定通过 ≥ 0℃ 的持续时间为 290 天，日均温稳定通过 10℃ 的持续时间为 210 天，无霜期在 190~235 天之间。

济南市多年平均降水量在 585~800 毫米，总体趋势是南部降水大于北部，中部地区大于东西两端。降水季节差异较大，春季降水大约为 85 毫米，夏季降水大约在 450 毫米，秋季降水大约为 125 毫米，冬季降水在 20 毫米左右，分别占全年降水量的 13%、66%、17% 和 4%（图 2-4）。市区年蒸发量大于 2000 毫米，相对湿度大约为 62%。

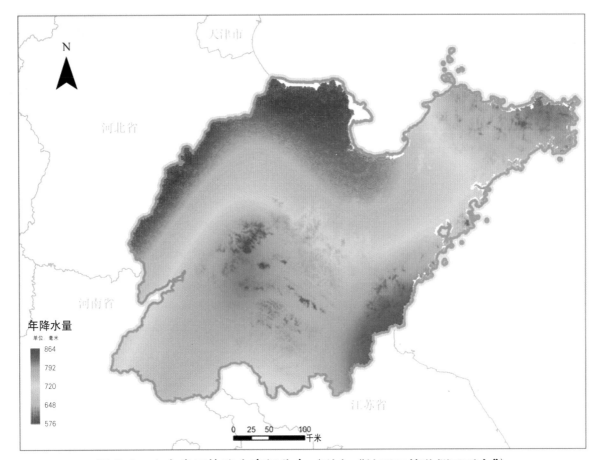

图2-4 山东省平均降水空间分布（引自"地理国情监测云平台"）

四、水文状况

流经济南市的河流属于三大水系，即黄河、小清河及海河。其中，黄河由东平县的旧县乡东北流入平阴县境内，中途流经长清区、天桥区、济阳县，沿市辖区东北部流入邹平县境内，市辖区内全长185千米，包括了浪溪河、南大沙河、玉带河、北大河、玉符河等支流。小清河发源于济南境内，境内全长76千米，主要支流为漯河、巨野河、东沥河、西沥河、绣江河、兴济河、全福河以及东、西巴漏河等。流经市辖区境内的海河水系的支流主要是徒骇河以及德惠新河。徒骇河流经商河县，市辖区内长度为56.6千米；德惠新河流经市辖区北部边界，在市辖区内长度为27千米（图2-5）。

济南市湖泊众多，可分为三类：一是黄河以北的洼地积水而成的坑塘，面积在20平方千米左右；二是天然湖泊，主要位于黄河与南部低山丘陵之间，如大明湖、白云湖和芽庄湖等，总面积大约37平方千米；三是在南部山区修建的水库，其中9座大中型水库总库容达2.56亿立方米，其余200多座小型水库库存为1.67亿立方米。

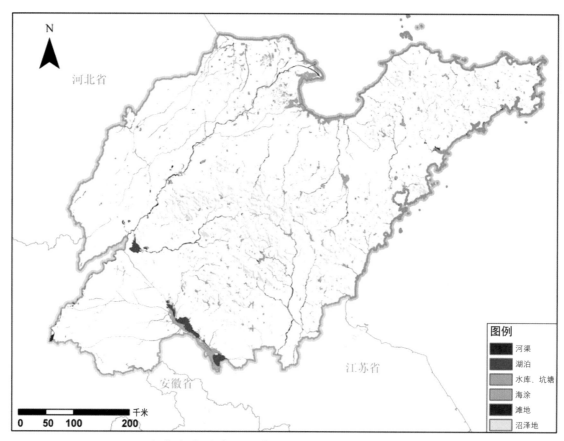

图2-5　山东省水域空间分布（引自"地理国情监测云平台"）

五、土壤条件

土壤的发育形成主要受生物和气候条件的共同影响。因此，土壤分布的地带性规律较明显。济南市土壤依据其土壤特有性质和成土母质划分为土类7个，亚类14个，土属29个，土种84个。辖区内土壤主体有棕壤、褐土、潮土、风沙土、砂姜黑土、水稻土以及盐土。各土壤主体的发育形成、分布、亚类以及面积见表2-1。

表2-1　济南市各土壤主体基本概况

单位：平方千米

土壤类别	发育形成	分布	亚类	面积
棕壤	由片麻岩和花岗岩等母质的风化残留物或坡积物发育而成	长清区、章丘市与泰安市、莱芜市接壤的酸性岩带	棕壤性土、棕壤	409
褐土	由石灰岩母质发育而成	南部山区的石灰岩地带及其山前平原，垂直带谱中位于棕壤之下	褐土性土、褐土、淋溶褐土、潮褐土	3306
潮土	河流冲积物发育而成	沿黄河及以北冲积平原带	灰性潮土	2360
风沙土	由风沙地区成砂性母质发育而成	章丘市、长清区、济阳县以及商河县的黄泛地区	——	98

（续）

土壤类别	发育形成	分布	亚类	面积
砂姜黑土	由湖泊沉积物发育而成	平坦低洼、地下水位较高的章丘市与历城区交界的白云湖沿岸；平阴县汇河平原；黄河以北济阳县、商河县的洼地积水地带	——	49
水稻土	由各种地带性土壤和隐性土壤经水耕熟化而成	市郊北园、吴家堡以及章丘市明水一带	——	9
盐土	——	章丘、济阳、商河等县的大型洼地边缘	——	25

六、植被状况

济南市气候条件复杂，农耕历史悠久，生物种类多样，植物共计1530多种，分属149科。其中，木本植物530多种，草本植物1000多种，分别占植物种类的34.64%和65.36%。济南市植物类群中，人工栽培植物80多种，野生植物380多种，分别占植物种类的5.22%和24.84%。

人工栽培植物包括人工栽培树种和农作物栽培品种。其中，人工栽培树种按照用途又分为防护、用材树种、经济树种以及城市观赏植物，城市观赏植物分62科139属300多种，农作物栽培品种近百余种。此外，野生植物资源也比较丰富，经济价值较大的野生植物达380多种，包括了170多种药用植物、110多种野生蔬菜以及经济草本植物。济南市主要植物种类见表2-2。

表2-2 济南市主要植物种类

分类	类别	植物种类
人工栽培	防护、用材树种	侧柏、黑松、刺槐、毛白杨、黑杨、柳树、国槐、臭椿、榆树、泡桐、麻栎、苦楝、楸树、枫杨、黄栌、五角枫、火炬树、紫穗槐等
	经济树种	核桃、板栗、柿子、枣、花椒、苹果、梨、桃、杏、葡萄、石榴、樱桃、山楂、香椿等
	城市观赏植物	雪松、蜀桧、白皮松、冷杉、龙柏、银杏、杜仲、悬铃木、栾树、白蜡、水杉、玉兰、月季、蔷薇、紫叶李、榆叶梅、海棠、紫荆、杜鹃、连翘等
	农作物品种	小麦、玉米、谷子、红薯、大豆、高粱、棉花、花生、芝麻、西瓜、芦笋、芹菜、大葱、菠菜、白菜、韭菜、黄瓜、茄子、芸豆、番茄、土豆、辣椒、莲藕等
野生植物	灌木	酸枣、黄荆、胡枝子、绣线菊、锦鸡儿、构树等
	药用植物	远志、沙参、枸杞、接骨木、桔梗、草参、防风、柴胡、车前、马铃薯、地榆、艾草、葛藤、南蛇藤等
	草类	野古草、黄背草、白草、羊胡子草、结缕草、狗尾草、油草、茅草、蒲草等

第二节　社会经济概况

一、行政区划、人口、交通

目前，济南市下辖有历下、天桥、槐荫、历城、长清以及高新区 6 个市辖区；平阴、济阳、商河 3 个县；章丘 1 个县级市。2014 年济南市乡级行政区划中，共计 95 个街道办事处和 48 个乡镇。截止到 2014 年，济南全市常住人口 706.79 万。其中，户籍总人口 621.6 万，市区人口 469.37 万。

济南市地理位置优越，交通发达，是连接华中、华北和中西部地区的重要交通枢纽之一，2014 年年末统计的公路通车里程为 12846 千米，贯穿济南市的高速目前有 7 条，国道 5 条，省道 16 条。济南市铁路交通也很发达，目前有京沪、胶济、邯济等铁路，以及京沪、石济、郑济等高铁连接济南市与周围地区。济南市的交通运输在日益增长，2014 年济南旅客运输量为 3753 万人次。

二、经济发展情况

济南市农业资源丰富，蔬菜种植历史悠久，培育出了像章丘大葱、平阴玫瑰、仁凤西瓜、张而草莓等国家级地方性标志产品而驰名中外。2014 年，济南市粮食、棉花、油料和蔬菜种植面积分别为 443933、13356、13642 和 99712 公顷。

济南市装备制造业突出，在原有纺织、机械、钢铁、建筑、化工、食品等优势工业基础上，积极倡导国家产业政策，抓住时机大力发展高附加值机械、汽车、新型电子产品、精细化工四大主导产业，提高济南市的经济质量。2014 年，实现规模以上工业总产值 5036.89 亿元，规模以上国有控股工业总产值 1940.05 亿元，规模以上外资企业总产值 490.22 亿元，规模以上非公有工业总产值 4875.81 亿元。

济南市现代服务业日趋繁荣，服务功能逐步健全。2014 年，辖区内共有限额以上批发和零售业企业 1690 个，购物中心、商场、超市等布局合理、数量庞大、商业潜力巨大。2014 年零售业销售总额 1251.8 亿元，批发业销售总额 3125.0 亿元。

截止到 2014 年，济南市生产总值 5770.60 亿元，较 2013 年增长 8.7%。其中，第一产业增加值为 232.39 亿元，增幅 3.8%，第二产业增加值为 1345.26 亿元，增幅 9.2%，第三产业增加值为 2618.61 亿元，增幅为 8.9%。人均生产总值为 81656 元(按常住人口计算)，增幅 7.02%。

第三节　旅游资源概况

新中国成立以后，济南一直是山东省的政治、经济、文化、金融中心，是国家批准的副省级城市，也是国务院批准的沿海开放城市和国家历史文化名城。济南市融山、泉、湖、河、城于一体，风景美不胜收，镶嵌在富饶美丽的齐鲁大地上。自古就有"家家泉水，户户垂柳""四面荷花三面柳，一城山色半城湖"的美誉。

济南依山傍水，为其旅游资源的开发打下了良好的基础。境内河流主要有黄河、小清河两大水系，还有环绕老城区的护城河，以及南北大沙河、玉符河、绣江河、巨野河等河流。济南素以泉水众多、清冽甘甜闻名于世，城区散布约 100 余处，号称"七十二名泉"，故济南"泉城"之雅号由此而来。诸泉千姿百态，主要分布有趵突泉泉群、五龙潭泉群、珍珠泉泉群、黑虎泉泉群等。千佛山海拔 285 米，悬崖下创建于隋代的兴国禅寺内，存有隋代雕凿的佛像多尊。登极远眺，黄河如带、明湖似镜，泉城秀色尽收眼底。大明湖杨柳垂岸，芙蕖盈湖，亭台楼阁，水榭长廊，引人入胜。此外，市区的万竹园、龙洞、佛峪、环城公园等名胜，犹如锦上添花，为泉城增辉（图 2-6 至图 2-7）。

目前，济南市拥有市级旅游景点 28 处，郊区景点 16 处。2013 年，济南"天下第一泉"5A级景区通过国家旅游局验收，正式挂牌。2014 年，济南市政府制定下发《关于加快旅游业发展建设国际旅游名城的意见》。此次部署的核心目的是让济南旅游业发展再次加速。这份文件为济南市建设国际旅游名城标明了路线和任务，提出以"一核两圈"为主体的"大济南旅游区"规划蓝图，将全市旅游纳入统一的旅游区规划设计，以实施"旅游产业促进十大工程"为抓手，突出泉城特色，强化项目建设，提升旅游服务质量，推进旅游产业转型升级，努力将济南建设成为功能完善、竞争力强、宜居宜游的国际旅游名城。

图 2-6　趵突泉

图 2-7　大明湖

第四节　森林资源概况

一、林业生态工程及政策

1999 年，我国开展关注森林活动。2004 年，全国绿化委员会、国家林业局启动国家森林城市评定工作，有力推动了国家森林城市建设。济南市政府同样重视开展创建国家森林城市工作，推进森林泉城建设,并在《济南市城市森林建设总体规划纲要》中提到依据《国家森林城市评价指标》,结合全市实际,开展保泉绿化工程、大环境绿化工程、破损山体治理工程、绿色通道建设和造林绿化行动,以及园博园建设和大明湖扩建改造等生态工程建设,为创建工作提供了有力的技术和管理支撑。全市林业生态工程布局合理,以生态城市建设为主体,林业生态体系建设以低山丘陵区、山前平原区、沿黄平原区三大绿化体系为框架,建设功能齐全的林业生态体系。针对济南市森林资源培育和森林经营,济南市主要开展的生态工程基本情况如下:

(一)城镇绿化提升工程

(1)中心城主城区森林建设规划。在新区建设、旧城改造、河道整治、道路建设中以城市控制性详细规划和绿地系统规划为依据,以生态优先、因地制宜、以人为本、文化引导为指导原则,实施市级综合性公园、区级公园、山体公园、街头和社区游园及各类附属绿地建设,合理配植乔、灌、地被植物,形成生态良好、结构合理、宜业宜居的城市绿地系统,提升城市绿地质量,有效抑制城市热岛效应现象,净化大气质量,改善人居环境。

规划建设指标:2010~2015年,规划中心城主城区增加2.72万亩公共绿地。人均城市绿地达12平方米以上。其中,人均城市公共绿地10平方米以上,中心城旧城片区人均公共绿地7平方米以上。中心城主城区绿化覆盖率达38%以上,绿地率达34%以上;建有多处以各类公园、公共绿地为主的休闲绿地,多数市民出门平均500米有休闲绿地。2016~2017年,进一步完善提升中心城主城区绿化景观效果。

(2)县城建成区森林建设规划。章丘、平阴、济阳、商河4个县城建成区利用公园、单位闲置地、社区隙地和街区空地,以及城市主干道路和环城道路进行植树美化;通过城市立体绿化和立面绿化,增加绿化面积。

规划建设指标:2010~2015年,县城建成区人均公共绿地达9平方米以上,绿化覆盖率达35%以上,绿地率达33%以上;建有多处以各类公园、公共绿地为主的休闲绿地,多数市民出门平均500米有休闲绿地。2016~2017年,进一步提高县城建成区绿化层次和水平。

(3)村镇森林建设规划。乡镇驻地绿化,以乡镇街道、居住小区、机关事业单位为单元,结合建筑物的特点和城镇特色,采用多树种立体配置。村庄绿化以自然村为单位,开展绿色庭院建设,主要营造用材、经济林树种,营建围村林。

规划建设指标:通过围村林、村镇绿化和景观节点建设,全面提升村镇绿化水平。2010~2015年,乡镇和村庄基本达到规划建设标准。2016~2017年,进一步完善提升村镇绿化档次。

(二)南部山区营造林工程

通过荒山造林、退耕还林、疏林改造和森林经营,增加森林资源,提高泉水涵养补给能力，促进山区经济社会协调发展。

规划建设指标：2010～2015年，规划荒山绿化32万亩、疏林地补植5万亩、中幼林抚育48万亩。2016～2017年，规划荒山绿化任务6万亩、中幼林抚育12万亩。

（三）北部平原风沙治理工程

通过防风固沙林、用材林和农田林网建设，形成城区北部防御风沙屏障，有效控制风沙危害，实现林茂粮丰。

规划建设指标：2010～2015年，规划重点风沙区治理造林10万亩，新建农田林网47万亩，完善农田林网19万亩。2016～2017年，规划新建农田林网13万亩，完善农田林网6万亩。

（四）水系生态绿化工程

在河流、水库和湖泊周边植树造林，实现绿化、美化，提升环境承载能力，保障水系生态安全。水系生态绿化工程主要包括南水北调输水干线林带、河流林带、湖泊林带、水库林带等水系生态绿化任务。

规划建设指标：2010～2015年，规划水系宜林地造林18万亩。2016～2017年，规划造林4万亩。

（五）湿地恢复与保护工程

在黄河沿岸地区、低洼滞洪区、水库、河道和湖泊周边，建设湿地保护区和湿地公园，恢复和保护现有湿地资源，维护湿地生态平衡，保护生物多样性。

规划建设指标：2010～2015年，重点恢复和保护平阴玫瑰湖、商河大沙河、天桥鹊山龙湖、济西湿地、济阳澄波湖、华山水景园、遥墙莲藕景观园等7处湿地，并规划将鹊山龙湖、济西湿地、玫瑰湖、大沙河4处湿地公园由市级晋升为国家级湿地公园，将澄波湖湿地公园由市级晋升为省级湿地公园；规划新建章丘白云湖、三川湿地和黄河湿地生态功能保护区共3处湿地自然保护区，全市湿地保护率达到65%。2016～2017年，进一步增加湿地资源，提升生态功能，保护生态多样性。

（六）破损山体治理工程

对破损山体进行地质地貌景观生态修复，提升城市形象。

规划建设指标：2010～2015年，规划治理30座破损山体，治理面积0.34万亩。2016～2017年，进一步恢复山体生态功能，完善景观效果。

（七）绿色通道工程

完善高速公路、国道、省道、县乡道路和铁路沿线绿色通道，提升道路景观效果。

规划建设指标：2010～2015年，按照国道、省道、高速公路和铁路沿线优先的原则，对全市需绿化的国道、省道、县道、乡道边沟外缘每侧分别绿化20米、15米、10米、5米，高速公路隔离栅外每侧绿化30～50米，铁路地界外每侧绿化20米，道路绿化率达到80%以上。2016～2017年，进一步完善提升绿色通道绿化水平。

（八）森林公园与自然保护区建设工程

依托风景名胜、独特地形地貌、现有林场和规模林区，建设森林公园。依托典型森林生态系统建设自然保护区。

规划建设指标：① 森林公园。2010～2015年，规划建设和提升森林公园共34处，其中，国家级森林公园3处、省级森林公园10处、市级森林公园11处、县级森林公园10处，经营面积达到41万亩。2016～2017年，进一步加大建设力度，促进森林旅游发展。② 自然保护区。2010～2015年，规划将现有历城柳埠和平阴大寨山2处森林生态类型市级自然保护区晋升为省级自然保护区；新建长清大峰山和历城黑峪2处森林生态类型自然保护区。规划期末，自然保护区达到4处，经营面积达到21万亩。2016～2017年，进一步扩大保护区规模，提升保护功能，促进人与自然和谐。

（九）现代林业示范园区建设工程

加大林业园区建设力度，提升基地建设水平，示范带动全市林业园区发展。

规划建设指标：2010～2015年，规划建设市级现代林业示范园1处，规划面积1.1万亩。规划标准化经济林基地30处，其中章丘市、历城区、长清区各6处，平阴县4处，济阳县、商河县各3处，市中区2处；规划建设特色林果示范园50处，其中章丘市、历城区、长清区各10处，平阴县、济阳县、商河县各6处，市中区2处。2016～2017年，进一步完善提升现代林业科技水平，带动全市林业园区建设。

（十）林业产业化推进工程

按照做大做强林业产业要求，大力发展干鲜果品、林木种苗花卉、速生丰产林基地，促进林下经济、林产品加工、森林旅游等产业发展。

规划建设指标：2010～2015年，规划退耕还林20万亩。2016～2017年，规划退耕还林5万亩。2010～2015年，规划建设林木种苗花卉基地4万亩。2016～2017年，继续扩大基地规模和面积。2010～2015年，规划发展林下经济面积15万亩；新增规模以上林产品加工企业120家，其中木材加工企业48家、家具制造企业24家、果品加工企业48家。

2016 ~ 2017 年，进一步壮大林业产业规模，提升产业效益。

2010 年 2 月，济南市委、市政府作出创建国家森林城市、建设森林泉城的决策，把创建国家森林城市作为加快科学发展、建设美丽泉城的重要载体，作为全面推进现代林业发展的实现手段，提出用 5 年到 8 年时间，全市新增森林面积 100 万亩，森林覆盖率达到 35% 以上，努力建成山、泉、湖、河、城与森林相融合的国家森林城市。截止到 2015 年，济南市共投入创建资金 140 亿元，新造林 108 万亩，新建城市绿地 2226 万平方米，建设绿色通道 2855 公里，建设河道景观带 328 公里，新建和晋升市级以上森林公园 23 处，湿地公园 17 处，全市森林覆盖率达到 35.2%，城市绿化覆盖率达到 40.2%，人均公园绿地 11.3 平方米，各项指标均达到或超过国家森林城市标准。

泉水与森林依偎，森林与城市相伴。对济南市来说，创建国家森林城市，不仅仅是改善人居环境的重要民生工程，更是保持和涵养济南地理特色和人文价值的唯一选择。以森林泉城、魅力济南为理念创建国家森林城市，提升一核、带动两区、突出三带、辐射四极，建成南北呼应、东西贯通、点面融合、城乡一体的森林生态体系。

济南市已开展过多次森林资源二类调查及全市林业区划、森林经营方案、生态公益林等专项调查；并于 1988 年建立了森林资源连续清查体系，至 2007 年已开展了七次森林资源清查。自 2002 年开始，结合森林资源连续清查工作的开展，实施了卫星遥感判读工作，完善了全市森林资源连续清查体系。10 个县 (市) 区的 260 余名林业工程技术人员和林业工作者参加了森林资源调查规划工作。按照《山东省森林资源二类调查及林业发展规划技术细则》，采用"3S"技术，同时应用 TM、SPOT 图像等调查技术，建立济南市森林资源动态监测体系，应用 Arcgis 软件绘制全市森林资源现状分布图。国有林地采用林场、林区 (分场)、林班、小班四级区划，集体林地采用县、乡、村、小班四级区划进行调查。按照《森林资源规划设计调查主要技术规定》，结合济南市农区林业实际，将土地类型分为林地和非林地两大地类。林地划分为 8 个地类，即：有林地、疏林地、灌木林地、未成林造林地、苗圃地、无立木林地、宜林地、辅助生产林地。非林地分农地、城乡居民与工矿建设用地、其他用地进行调查。其中，农地将根据农田林网、农林间作和地堰绿化、村镇树情况进一步划分。在此调查的基础上，建立了按照权属、地类、起源、林种、树种等森林资源类型和土壤、地形等立地条件数据库（图 2-8）。

截至 2015 年年底，全市林业用地面积 28.29 万公顷，占全市土地总面积 81.77 万公顷的 34.60%。其中，有林地面积 24.46 万公顷，占林业用地面积的 86.46%，占全市土地总面积的 29.91%；疏林地面积 0.22 万公顷，占林业用地面积的 0.78%；未成林造林地 1.65 万公顷，占林业用地面积的 5.83%。全市森林覆盖率达到 35.24%，各区县林业用地及森林面积详见表 2-3。

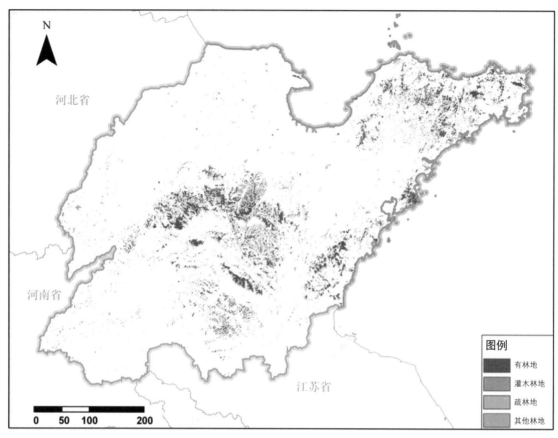

图 2-8　山东省林地资源空间分布（引自"地理国情监测云平台"）

表 2-3　济南市各区县林业用地及森林面积统计

单位：公顷，立方米

区县	林业用地面积	有林地面积	活立木蓄积量
济南市	282945	244573	14861562
历下区	3805	3402	176760
市中区	11751	11287	307020
槐荫区	1132	645	75997
天桥区	4453	3908	373397
历城区	64649	55764	2018649
长清区	55885	47539	1647938
章丘市	52369	42910	4724781
平阴县	27844	24394	1368644
济阳县	24517	23432	2756055
商河县	36541	31293	1412321

二、优势树种（组）结构

在相关的森林资源规划设计调查技术细则中，乔木林、疏林中，按蓄积量组成比重确定小班的优势树种（组）。一般情况下，按该树种（组）蓄积量占小班总蓄积量65%以上确定，未达到起测胸径的幼龄林、未成林地，按株数组成比例确定。根据《济南市森林资源调查报告》，济南市森林资源主要有12种优势树种（组）（表2-4）。其各县/市辖区优势树种（组）主要涉及柏类、落叶松、松类、栎类、刺槐、白杨类、黑杨类、泡桐以及其他软阔类等。济南市各县/市辖区优势树种（组）面积、蓄积量见表2-5，其优势树种（组）面积、蓄积量比例见图2-9。

表2-4　济南市各县/市辖区主要优势树种（组）

区县	主要优势树种（组）
长清区	柏类、松类、栎类、刺槐、白杨类、黑杨类、其他软阔类
章丘市	柏类、松类、栎类、刺槐、白杨类、黑杨类、泡桐、其他软阔类
天桥区	柏类、松类、白杨类、黑杨类、其他软阔类
市中区	柏类、刺槐、白杨类、黑杨类、泡桐、其他软阔类
商河县	刺槐、白杨类、黑杨类、其他软阔类
平阴县	柏类、松类、刺槐、白杨类、黑杨类、泡桐、其他软阔类
历下区	柏类、松类、白杨类、黑杨类、其他软阔类
历城区	柏类、落叶松、松类、栎类、刺槐、白杨类、黑杨类、泡桐、其他软阔类
济阳县	白杨类、黑杨类、其他软阔类
槐荫区	柏类、松类、白杨类、黑杨类、其他软阔类

表2-5　济南市森林各优势树种（组）面积、蓄积量统计

单位：公顷，立方米，%

起源	优势树种（组）		数据	比重	起源	优势树种（组）		数据	比重
天然林	小计	面积	1136.27	0.46	人工林	小计	面积	243436.73	99.54
		蓄积量	14156.10	0.10			蓄积量	12807588.01	99.90
	柏类	面积	571.41	0.23		柏类	面积	109235.28	44.66
		蓄积量	6313.58	0.05			蓄积量	3379379.10	24.79
	落叶松	面积	0.00	0.00		落叶松	面积	1.80	<0.01
		蓄积量	0.00	0.00			蓄积量	0.40	<0.01
	松类	面积	0.00	0.00		松类	面积	9778.56	4.00
		蓄积量	0.00	0.00			蓄积量	590049.22	4.33

（续）

起源	优势树种（组）	数据		比重	起源	优势树种（组）	数据		比重
天然林	栎类	面积	0.00	0.00	人工林	栎类	面积	2065.10	0.84
		蓄积量	0.00	0.00			蓄积量	122210.29	0.90
	刺槐	面积	314.88	0.13		刺槐	面积	15516.12	6.34
		蓄积量	2661.65	0.02			蓄积量	692231.33	5.08
	白杨类	面积	30.83	0.01		白杨类	面积	2529.90	1.03
		蓄积量	1932.38	0.01			蓄积量	263247.13	1.93
	黑杨类	面积	0.00	0.00		黑杨类	面积	95030.90	38.86
		蓄积量	0.00	0.00			蓄积量	8226323.41	60.34
	泡桐	面积	0.00	0.00		泡桐	面积	53.68	0.02
		蓄积量	0.00	0.00			蓄积量	5504.70	0.04
	其他软阔	面积	219.14	0.09		其他软阔	面积	9225.40	3.77
		蓄积量	3343.04	0.02			蓄积量	340213.70	2.50
合计		面积	244573.00		比重		面积		100.00
		蓄积量	13633409.94				蓄积量		100.00

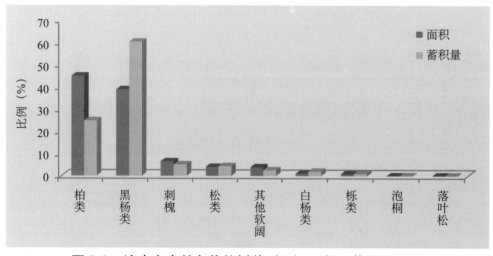

图2-9 济南市森林各优势树种（组）面积、蓄积量比例

三、林龄结构

乔木林的林龄组根据优势树种（组）的平均年龄确定，分为幼龄林、中龄林、近熟林、成熟林及过熟林。济南市乔木林各林龄组面积、蓄积量如表2-6所示，济南市乔木林各龄组面积、蓄积量比例如图2-10所示。

表2-6 济南市森林各林龄组面积、蓄积量统计

单位：公顷，立方米，%

	合计	幼林龄	中林龄	近熟林	成熟林	过熟林
面积	244573.00	119318.60	101904.05	11735.37	10943.03	671.96
比重	100.00	48.79	41.67	4.80	4.47	0.27
蓄积量	13633409.94	5469724.07	6055960.70	1079766.07	954338.70	73620.40
比重	100.00	40.12	44.42	7.92	7.00	0.54

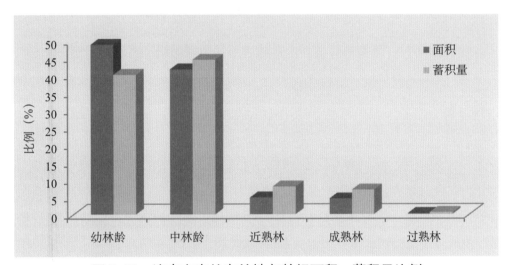

图2-10 济南市森林有林地各龄组面积、蓄积量比例

四、起源结构

起源分为天然林和人工林。其中，天然林是指天然下种或萌生形成的有林地、疏林地、未成林地、灌木林地；人工林指人工植苗、直播、扦插、嫁接、分殖或插条形成的有林地、疏林地、未成林地、灌木林地。济南市乔木林的天然林面积及蓄积量如表2-7所示，乔木林地不同起源面积及蓄积量比例如图2-11所示。

表2-7 济南市森林乔木林地不同起源面积、蓄积量统计

单位：公顷，立方米，%

起源	面积	比重	蓄积量	比重
合计	244573.00	100.00	13633409.94	100.00
天然林	1136.27	0.46	14156.10	0.10
人工林	243436.73	99.54	13619253.84	99.90

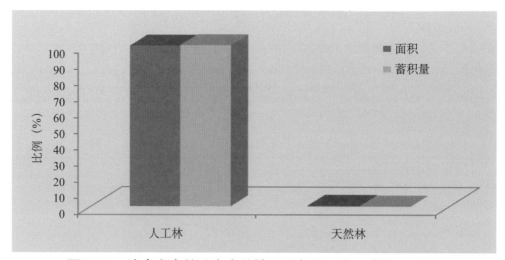

图 2-11　济南市森林乔木木林地不同起源面积、蓄积量比例

五、林 种

济南林业属于农区林业，林业用地中，南部山区多为干旱贫瘠的山丘，北部平原和沿海地区多为盐、碱、涝、洼的滩地，经营目的主要是保持水土、农田防护，减少水、旱、风、雹等自然灾害，其次是生产木材等林产品。

根据经营目标不同，将济南市森林分为三大林种，以防护林为主，然后依次为经济林和用材林，各林种的面积、蓄积及所占比重详见表 2-8。

表 2-8　济南市森林有林地不同林种面积统计

单位：公顷，%

统计项目	合计	林种		
		防护林	经济林	用材林
面积	241776	101017	80423	60336
比重	100.00	41.78	33.26	24.96

第五节　湿地资源状况

济南市湿地资源较为丰富，根据 2012 年全市湿地资源调查统计，济南市现有湿地面积 22011.80 公顷，占全市总面积的 2.69%（全市总面积 817700 公顷）。济南市的湿地类型多样，大体上可以分为天然湿地和人工湿地两大类，天然湿地又可以分为河流湿地、湖泊湿地、沼泽湿地 3 种类型，人工湿地可分为库塘、水产养殖场等类型。

一、各湿地类面积

按照湿地类型划分，济南市的湿地类型主要分为河流湿地、湖泊湿地、沼泽湿地和人工湿地，各类湿地面积所占比例如图 2-12 所示，其中以河流湿地和人工湿地为主。

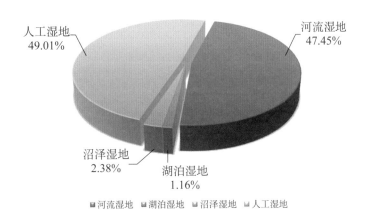

图 2-12　济南市主要湿地类型面积比例分布

二、各湿地区的湿地类及面积

按照行政区域划分，济南市各县 / 市辖区均分布有湿地，各地区湿地分布比例如表 2-9 所示。

表 2-9　济南市各县 / 市辖区湿地类及面积

单位：公顷

区县	河流湿地	沼泽湿地	人工湿地	湖泊湿地	总面积
历下区	8.60	0.00	63.83	0.00	72.43
市中区	81.85	0.00	0.00	0.00	81.85
天桥区	827.28	64.17	2158.71	0.00	3050.16
历城区	1215.78	0.00	1310.83	0.00	2526.61
长清区	1582.23	340.84	589.10	0.00	2512.17
章丘市	1273.94	0.00	2629.28	254.81	4158.03
平阴县	1353.90	0.00	822.41	0.00	2176.31
济阳县	1823.43	0.00	1189.30	0.00	3012.73
商河县	1575.07	0.00	649.66	0.00	2224.73
槐荫区	702.47	118.57	1375.74	0.00	2196.78
合计	10444.55	523.58	10788.86	254.81	22011.80

第三章
济南市森林生态系统服务
功能物质量评估

依据中华人民共和国林业行业标准《森林生态系统服务功能评估规范》(LY/T 1721—2008)，本章将对济南市森林生态系统服务功能的物质量开展评估，进而研究济南市森林生态系统服务的特征。

> 物质量评估主要是对生态系统提供服务的物质数量进行评估，即根据不同区域、不同生态系统的结构、功能和过程，从生态系统服务功能机制出发，利用适宜的定量方法确定生态系统服务功能的质量和数量。
>
> 物质量评估的特点是评价结果比较直观，能够比较客观地反映生态系统的生态过程，进而反映生态系统的可持续性。但是，由于运用物质量评价方法得出的各单项生态系统服务的量纲不同，因而无法进行加总，不能够评价某一生态系统的综合生态系统服务。

第一节　济南市森林生态系统服务功能物质量评估结果

根据《森林生态系统服务功能评估规范》的评价方法，得出济南市森林生态系统涵养水源、保育土壤、固碳释氧、林木积累营养物质、净化大气环境等5个方面的森林生态系统服务物质量（表3-1）。

2015年山东省水资源总量为168.44亿立方米（山东省统计局，2016），仅占全国水资源总量27962.60亿立方米（国家统计局，2016）的0.60%，养育着全国7.16%的人口，属于人均水资源占有量小于500立方米的严重缺水地区。同时，由于大量未经处理的污水直接排入河道，使水资源供需矛盾和水污染问题已经成为山东省经济、社会可持续发展的严

表3-1 济南市森林生态系统服务功能物质量评估结果

类别	指标		物质量
涵养水源	调节水量（×10^{8}立方米/年）		8.26
保育土壤	固土量（×10^{4}吨/年）		1448.57
	氮（×10^{2}吨/年）		386.52
	磷（×10^{2}吨/年）		82.28
	钾（×10^{2}吨/年）		182.96
	有机质（×10^{2}吨/年）		2928.56
固碳释氧	固碳（×10^{4}吨/年）		76.81
	释氧（×10^{4}吨/年）		160.12
林木积累营养物质	氮（×10^{2}吨/年）		155.6
	磷（×10^{2}吨/年）		9.23
	钾（×10^{2}吨/年）		43.61
净化大气环境	提供负离子数（10^{21}个/年）		2086.99
	吸收二氧化硫（×10^{4}千克/年）		4340.61
	吸收氟化物（×10^{4}千克/年）		69.61
	吸收氮氧化物（×10^{4}千克/年）		192.97
	滞尘	TSP（×10^{4}吨/年）	635.40
		PM$_{10}$（吨/年）	1979.27
		PM$_{2.5}$（吨/年）	502.48

重制约因素。济南是山东省省会，素有"泉城"之称，具有丰富的泉水资源，在市区有著名的趵突泉、黑虎泉、珍珠泉、五龙潭等四大泉群，在章丘市、历城区、平阴县也分布有多处泉群。据《2015年山东省水资源公报》显示，济南市水资源总量为11.83亿立方米，其森林生态系统涵养水源量（8.26亿立方米）相当于水资源总量的69.81%。济南市森林生态系统涵养水源量相当于全市农田灌溉用水量（7.26亿立方米）的1.14倍，相当于全市工业用水量（2.27亿立方米）的3.64倍，相当于全市居民生活用水量（2.32亿立方米）（山东省水利厅，2016）的3.56倍。2011年年末，济南市大中型水库蓄水总量为0.91亿立方米（济南市水利局，2011），济南市森林生态系统涵养水源量相当于全市大中型水库蓄水总量的9.08倍。由此可见，济南市的森林生态系统可谓是"绿色""安全"的水库，其对于维护济南市内乃至山东省的水资源安全起着十分重要的作用。

山东省土壤侵蚀面积达2.73万平方千米，占全省土地面积的17.37%，主要分布在鲁西北黄泛平原区与滨海地带、胶东半岛地区和鲁中南山地丘陵区。大多数属于强度和中度水力侵蚀，在不同侵蚀类型土壤侵蚀面积中，水力侵蚀占100%（山东省第一次水利普查公报，2013）。济南市南部低山丘陵区由于山高坡陡，冲蚀切割强烈，为山东省水土流失最严重的地区。据统计，区内日降雨量大于50毫米的暴雨天数，平均每年为5天，最高年份可达6～11天，暴雨是造成水土流失的关键性因素（济南市气象局，2010～2015）。据《山东省第一次水利普查公报》（2013）显示：山东省土壤侵蚀按强度分，轻度侵蚀14926平方千米，中度侵蚀6634平方千米，强烈侵蚀3542平方千米，极强烈侵蚀1727平方千米，剧烈侵蚀424平方千米，侵蚀总面积达27253平方千米。济南市森林生态系统固土量为1448.57万吨/年，则相当于黄河流域土壤年侵蚀量0.822亿吨（中国水土保持公报，2014）的17.62%，表明济南市森林生态系统保育土壤功能对于维护全省国土安全具有重大意义，对于维持全省社会、经济和生态环境的可持续发展起到不容忽视的促进作用。

山东省是我国东部地区的经济大省，也是能源消费大省，经济增长速度和GDP一直位列全国前列。随着经济的高速增长，高能耗工业的发展和快速的城市化进程，使山东省对能源的需求大幅度增加。1990年以来，山东省能源消费量不断增加，由1990年的7567.49万吨标准煤上升至2015年的36759.2万吨标准煤。其中，煤一直以来在山东省能源消费结构中占主要地位，从1990年到2015年均占到75%以上（山东统计年鉴，2001～2016）。济南市作为山东省省会，经济的高速增长对能源的需求也大幅度增加。依据《济南统计年鉴2015》中济南市各种能源消费量以及《综合能耗计算通则》（GB 2589—2008）能源与标准煤的转换系数，得到济南市能源的消费总量相当于3411.47万吨标准煤，利用碳排放转换系数（国家发展与改革委员会能源研究所，2003）换算可知济南市2014年碳排放量为2550.41万吨。由表3-1可知，济南市森林生态系统固碳量为76.81万吨/年，相当于吸收了2014年全市碳排放量的3.01%。与工业减排相比，森林固碳投资少、代价低，更具经济可行性和现实操作性。因此，通过森林吸收、固定二氧化碳是实现减排目标的有效途径。

山东省是我国的燃煤大省，随着经济的迅速发展以及城市化步伐的加快，大气污染越来越严重。空气质量最好的是鲁东地区，其次是鲁北地区，鲁西南和鲁中地区的空气质量相对较差。17个地市中，济南市的污染最严重。《济南统计年鉴2015》显示，济南市工业二氧化硫排放量为67842吨，氮氧化物排放量为64861吨。而济南市森林生态系统二氧化硫吸收量为4340.61万千克，氮氧化物吸收量为192.97万千克，分别相当于2014年济南市工业二氧化硫排放量的63.98%，氮氧化物排放量的2.98%。因此，济南市森林在吸收大气污染物和净化大气环境方面的作用明显。

由图3-1至图3-4可以看出，济南市森林生态系统涵养水源量相当于济南市大中水库蓄水量（2011年为0.91亿立方米）的9.08倍。其中，大部分分布在济南市中部历城区、长清

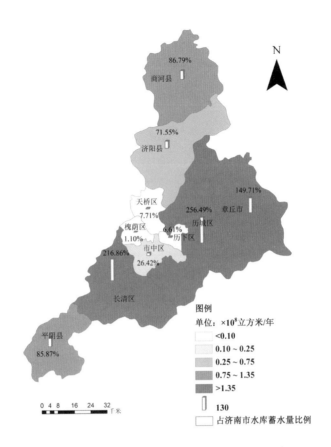

图3-1 济南市森林生态系统"水库"分布

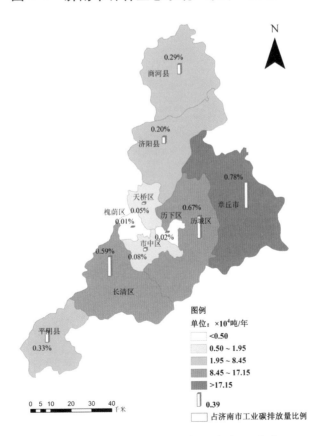

图3-2 济南市森林生态系统"碳库"分布

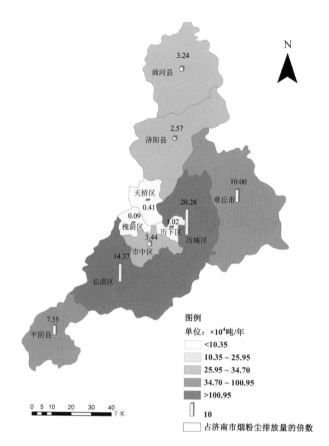

图 3-3　济南市森林生态系统"滞尘库"分布

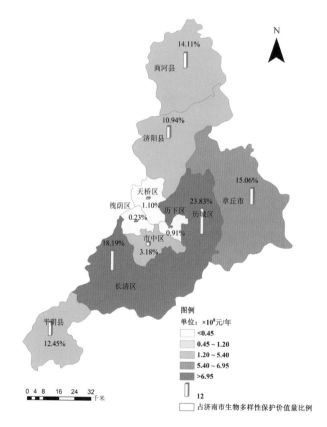

图 3-4　济南市森林生态系统"基因库"分布

区和章丘市等3个县/市辖区；济南市森林生态系统固碳量相当于全市工业碳排放量的3.01%（2014年工业碳排放量约为2550.41万吨），其中，固碳量大部分分布在章丘市、历城区和长清区等3个县/市辖区，约占67.65%；济南市森林生态系统的潜在饱和滞尘量约为全市烟尘和粉尘排放量的62.97倍（2014年烟尘和粉尘排放量为10.09万吨）。本研究基于模拟实验的结果，核算林木的最大滞尘量。因此，济南市森林生态系统在滞尘方面具有很大的潜力，但是为了治理不断严峻的雾霾天气，济南市在将来的林业建设过程中，应重点在北部平原区种植滞尘能力较强的树种，力争把本区域内生产的空气颗粒物大量截留，以保障济南市乃至山东省的空气环境质量。济南市森林生态系统生物多样性保护价值大部分集中在济南市中部的历城区、长清区和章丘市，其生物多样性保护价值占全市生物多样性保护总价值的比例为57.08%，这主要是由于此区域属于山区，地形地貌特殊，孕育着种类丰富的动植物资源。

第二节　济南市各县/市辖区森林生态系统服务功能物质量评估结果

济南市包括1个县级市、3个县、6个市辖区。本评估利用历下区、市中区、槐荫区、天桥区、历城区、长清区、章丘市、平阴县、济阳县和商河县共10个统计单元的森林资源数据，根据本研究第一章中提及的公式评估出其各县/市辖区的森林生态系统服务的物质量。

济南市各县/市辖区的森林生态系统服务物质量如表3-2所示，且各项森林生态系统服务物质量在各县/市辖区间的空间分布格局见图3-5至图3-22。

一、涵养水源

调节水量最高的3个县/市辖区为历城区、长清区和章丘市，分别为2.33亿、1.97亿和1.36亿立方米/年，占全市总量的68.52%；最低的3个县/市辖区为天桥区、历下区和槐荫区，分别为0.07亿、0.06亿和0.01亿立方米/年，仅占全市总量的1.69%（图3-5）。济南有"泉城"的美誉，但泉城的水量并不多，每年用水短缺达6亿立方米，相当于480个大明湖的水量。全市水资源总量不足，人均占有量也偏少，水资源供需矛盾突出，水资源短缺已成为制约济南市社会、经济发展的最大瓶颈。可见，解决城市的缺水问题，直接关系到居民的生活、社会的稳定、城市的经济发展。因此，处于快速发展中的济南市，必须将水资源的永续利用与保护作为实施可持续发展的战略重点，以促进济南市"生态—经济—社会"的健康运行与协调发展。如何破解这一难题，应对济南市水资源不足与社会、经济可持续发展之间的矛盾，只有从增加贮备和合理用水这两方面着手，建设水利设施拦截水

表3-2 济南市各县/市辖区森林生态系统服务功能物质量评估结果

县/市辖区	调节水量(10¹²立方米/年)	保育土壤					固碳释氧(10⁴吨/年)		林木积累营养物质(10²吨/年)			净化大气环境				滞尘量		
		固土(10⁴吨/年)	固氮(10²吨/年)	固磷(10²吨/年)	固钾(10²吨/年)	固有机质	固碳	释氧	氮	磷	钾	提供负离子(10²²个/年)	吸附二氧化硫(10⁴千克/年)	吸附氟化物(10⁴千克/年)	吸附氮氧化物(10⁴千克/年)	TSP(10⁸千克/年)	滞纳PM₂.₅(10⁴千克/年)	滞纳PM₁₀(10⁴千克/年)
历下区	0.06	4.30	0.41	0.43	1.69	7.13	0.49	1.07	0.87	0.05	0.16	17.81	69.74	1.43	2.04	10.32	32.91	8.40
市中区	0.24	15.95	1.54	1.59	6.60	26.45	1.95	4.38	3.59	0.21	0.71	67.31	236.49	4.76	7.14	34.69	108.93	27.82
槐荫区	0.01	1.00	0.10	0.10	0.73	1.66	0.19	0.47	0.52	0.02	0.23	4.01	7.00	0.19	0.41	0.89	2.99	0.81
天桥区	0.07	5.85	0.56	0.59	5.19	9.70	1.36	3.36	3.57	0.19	1.15	25.76	35.62	0.60	2.39	4.13	13.26	3.65
历城区	2.33	407.81	81.82	15.13	60.11	882.56	17.13	32.57	30.18	1.84	9.22	573.77	1335.68	23.25	56.70	204.66	642.81	161.73
长清区	1.97	317.51	57.66	12.04	36.60	671.35	15.02	29.58	28.03	1.72	7.22	438.55	938.38	16.46	36.59	144.97	462.49	115.62
章丘市	1.36	314.82	56.81	14.50	34.83	612.43	19.81	43.37	44.20	2.50	13.83	394.05	704.25	9.92	34.42	100.94	341.49	86.24
平阴县	0.78	183.70	37.37	7.55	28.30	406.48	8.43	17.63	16.51	1.03	3.88	187.51	506.34	8.92	19.58	76.15	235.39	60.42
济阳县	0.65	68.12	49.37	9.89	4.56	122.59	5.07	11.25	11.33	0.68	2.85	164.56	222.51	1.72	14.76	25.95	60.33	16.37
商河县	0.79	129.51	100.88	20.46	4.35	188.21	7.36	16.44	16.80	0.99	4.36	213.66	284.60	2.36	18.94	32.70	78.67	21.42
合计	8.26	1448.57	386.52	82.28	182.96	2928.56	76.81	160.12	155.60	9.23	43.61	2086.99	4340.61	69.61	192.97	635.40	1979.27	502.48

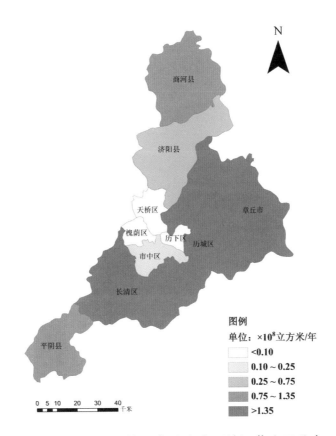

图例
单位：×10⁸立方米/年
- <0.10
- 0.10~0.25
- 0.25~0.75
- 0.75~1.35
- >1.35

图3-5 济南市各县/市辖区森林生态系统调节水量分布

流增加贮备的工程方法，得到济南市政府的重视并取得了可喜的成绩。同时在运用生物工程的方法，特别是发挥森林植被的涵养水源功能，也应该引起人们的高度关注。

济南市地表水资源总量为7.41亿立方米（济南市水利局，2011），而森林生态系统涵养水源为每个县/市辖区的水资源总量提高了0.01亿立方米以上，一定程度上提高了人均水资源占有量。其中，所占地表水资源量比值最高的历城区、长清区和章丘市，均在15%以上。另外，各县/市辖区森林生态系统调节水量与其用水量相比，也均在5%以上。但是县/市辖区之间差异较大，这与各县/市辖区的经济状况和人口数量有直接的关系，这也恰恰说明了森林生态系统的涵养水源功能可以在一定程度上保证社会的水资源安全。济南市由于夏季降雨集中而且多强降雨，森林生态系统的涵养水源功能可以起到消减洪峰的作用，可以降低地质灾害发生可能性。另一方面，森林生态系统涵养水源功能能够延缓径流产生的时间，起到了调节水资源时间分配不均匀的作用。各县/市辖区森林生态系统调节水量的功能大大降低了地质灾害发生的可能，保障了人们生命财产的安全。森林生态系统发挥的涵养水源功能对于缓减干旱期的农田干旱，提高农田产量有极大的促进作用。各县/市辖区森林生态系统调节水量与其降水量相比，南部山区的森林生态系统能够将近80%的降水截留，大大降低了地区灾害发生的可能，保障了人们的生命财产安全，济南市北部平原区的森林生态系统也可将约17%的降水暂时截留，也就意味着每个县/市辖区将有至少0.01亿吨的水量用于旱期农田灌溉，对于提高农田产量具有极大的促进作用。

二、保育土壤

固土量最高的3个县/市辖区为历城区、长清区和章丘市，分别为407.81万、317.51万和314.82万吨/年，占全市总量的71.80%；最低的3个县/市辖区为天桥区、历下区和槐荫区，分别为5.85万、4.30万和1.00万吨/年，仅占全市总量的0.77%（图3-6）。水土流失是人类所面临的重要环境问题，已经成为经济、社会可持续发展的一个重要的制约因素。我国是世界上水土流失十分严重的国家，山东省是全国水土流失严重的省份之一，其侵蚀类型以水力侵蚀为主。鲁中南低山丘陵区由于山高坡陡，冲蚀切割强烈，为山东省水土流失最严重的地区，济南市也处于该区内。严重的水土流失造成耕作土层变薄，地力减退，大量泥沙淤积河道、水库，加剧了洪涝灾害和地质灾害的发生，造成了生态环境不断恶化，对人们的生产、生活、生存安全构成严重威胁。森林凭借庞大的树冠、深厚的枯枝

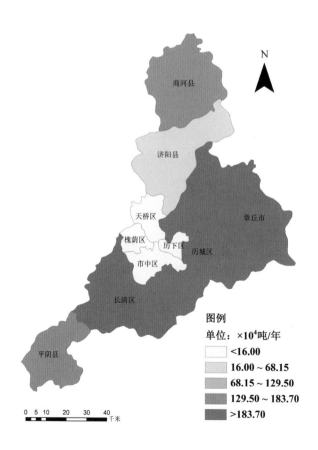

图3-6 济南市各县/市辖区森林生态系统固土量分布

落叶层及成网络的根系截留大气降水，减少或免遭雨滴对土壤表层的直接冲击，有效地固持土体，降低了地表径流对土壤的冲蚀，使土壤流失量大大降低。而且森林的生长发育及其代谢产物不断对土壤产生物理及化学影响，参与土体内部的能量转换与物质循环，使土壤肥力提高。经过近十几年来长期坚持不懈地植树造林、封山育林以及兴建水土保持工程等对水土流失进行综合治理，济南市水土流失状况明显好转，水土流失面积大幅下降，不同侵蚀强度的水土流失面积均有所减少。2014年，济南市治理水土流失面积达120平方千米，林草面积占宜林宜草面积95%以上，流域泥沙比治理前减少70%以上（济南日报，2015-01-22）。济南市水土流失区主要集中于中南部地区的历城区、长清区和平阴县，其森林生态系统固土量约占全市总固土量的60%以上。另外，区内还分布有卧虎山、锦绣川、狼猫山等大型水库，其森林生态系统的固土作用有效地延长了水库的使用寿命，为本区域社会、经济发展提供了重要保障。

济南市地处鲁中山区北侧的山区与平原交接地带，地形地貌变化较大，地质构造复杂，地质灾害较多，特别是南部山区沟谷纵横，河流源短流急，地质灾害以山体滑坡和泥石流为主。其中，济南市地质灾害高危害性区主要分布在南部的中低山丘陵区，包括历下、市中区南部，历城区的中南部，章丘市的中部以及长清区的部分地区，该区大部分属中低山丘陵区，地势相对较高，地形高差变化较大，沟谷切割较深。地质灾害主要危害的对象是交通干线、城镇、矿区和居民，造成交通中断、房屋毁坏和人员伤亡等。大量的研究表明，植物庞大的根系可以起到强大的固土作用，防止滑坡和崩塌等地质灾害的发生。从评估结果可以看出，济南市南部地区的森林生态系统固土量占全市总固土量的60%以上，一定程度上降低了以滑坡和崩塌为代表的地质灾害发生的可能，森林生态系统尤其在防治滑坡和崩塌方面发挥了巨大的作用。

保肥量最高3个县/市辖区历城区、长清区和章丘市，分别为10.40万、7.78万和7.19万吨/年，占全市总量的70.83%；最低的3个县/市辖区为天桥区、历下区和槐荫区，分别为0.10万、0.07万和0.02万吨/年，仅占全市总量的0.79%（图3-7至图3-10）。历城区、长清区和章丘市分布有全市重要的水库和湿地，同时还是多条河流的干流和支流，生态区位十分重要。其森林生态系统所发挥的保肥功能，对于保障湿地水质安全，以及维护黄河、小清河和徒骇河流域的生态安全和保障经济、社会可持续发展具有十分重要的现实意义。水土流失过程中会携带的大量养分、重金属和化肥进入江河湖库，污染水体，使水体富营养化；越是水土流失严重的地方，往往因为土壤贫瘠，化肥、农药的使用量也越较大，由此形成一种恶性循环。土壤贫瘠化还会影响林业经济的发展，济南市南部地区森林生态系统的保肥功能对于维护济南市林业经济的稳定发挥具有十分重要的作用。

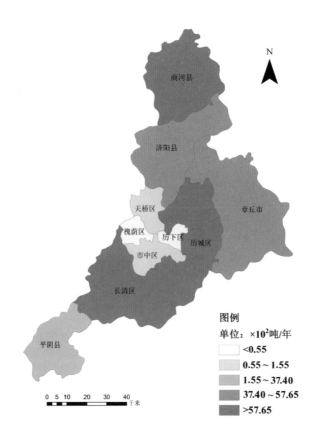

图 3-7　济南市各县/市辖区森林生态系统固氮量分布

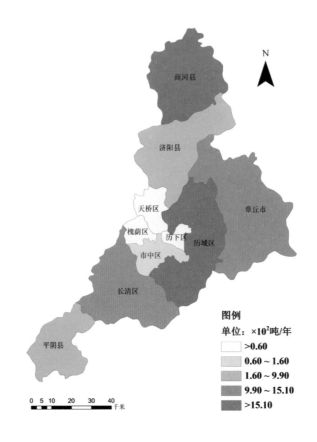

图 3-8　济南市各县/市辖区森林生态系统固磷量分布

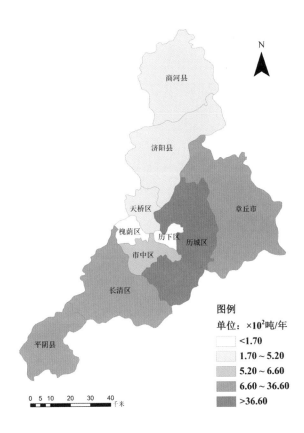

图 3-9　济南市各县/市辖区森林生态系统固钾量分布

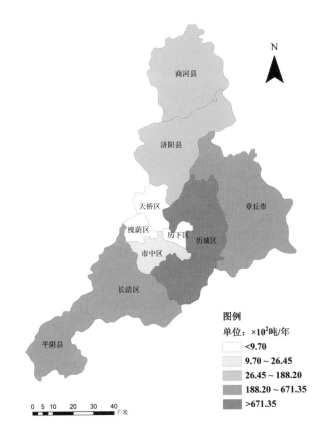

图 3-10　济南市各县/市辖区森林生态系统固定有机质量分布

三、固碳释氧

固碳量最高的 3 个县 / 市辖区为章丘市、历城区和长清区，分别为 19.81 万、17.13 万和 15.02 万吨 / 年，占全市总量的 67.65%；最低的 3 个县 / 市辖区为天桥区、历下区和槐荫区，分别为 1.36 万、0.49 万和 0.19 万吨 / 年，仅占全市总量的 2.66%（图 3-11）。释氧量最高的 3 个市 / 辖区为章丘市、历城区和长清区，分别为 43.37 万、32.57 万和 29.58 万吨 / 年，占全市总量的 65.90%；最低的 3 个市 / 辖区为天桥区、历下区和槐荫区，分别为 3.36 万、1.07 万和 0.47 万吨 / 年，仅占全市总量的 3.06%（图 3-12）。

森林是陆地生态系统最大的碳储库，在全球碳循环过程中起着重要作用。就森林对储存碳的贡献而言，森林面积占全球陆地面积的 27.6%，森林植被的碳贮量约占全球植被的 77%，森林土壤的碳贮量约占全球土壤的 39%。森林固碳机制是通过森林自身的光合作用过程吸收二氧化碳，并蓄积在树干、根部及枝叶等部分，从而抑制大气中二氧化碳浓度的上升，有效地起到了绿色减排的作用。森林生态系统具有较高的碳储存密度，即与其他土地利用方式相比，其单位面积内可以储存更多的有机碳。因而，提高森林碳汇功能是降低碳总量非常有效的途径。济南市各市 / 辖区森林碳储量排序依次为：章丘市＞历城区＞长清区＞平阴县＞商河县＞济阳县＞市中区＞天桥区＞历下区＞槐荫区。其中，章丘市森林碳储量最大(19.81 万吨)，占济南市森林总碳储量的 25.79%；槐荫区森林碳储量最小(0.19 万吨)，

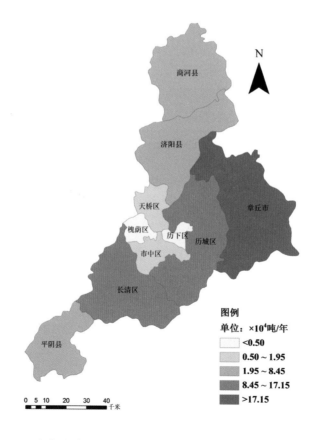

图 3-11　济南市各县 / 市辖区森林生态系统固碳量分布

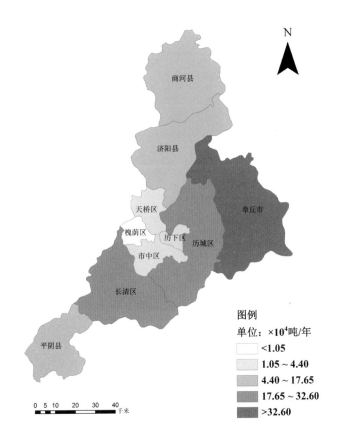

图 3-12 济南市各县／市辖区森林生态系统释氧量分布

仅占全市的 0.25%（表 3-2）。济南市南部地区森林生态系统固碳功能一定程度上解决了本区域内自然资源、生态环境与可持续发展之间的矛盾，对区域碳减排及低碳经济研究具有一定的现实意义。2014 年，济南市碳排放量为 2550.41 万吨（根据《济南统计年鉴 2015》标准煤消耗总量折算而来），济南市森林固碳量为 76.81 万吨／年，相当于吸收了 2014 年全市碳排放量的 3.01%，由此可见，济南市作为山东省省会城市群经济圈的核心，森林生态系统吸收工业碳排放的比重并不高，因此，今后要多开展碳汇造林，提高济南市森林生态系统固碳能力，实现绿色减排目标。

此外，济南市经济发展迅速，人为干扰较多，原始森林植被遭到毁灭性的破坏，为了维持本区域的生态安全，营造了大量的人工林。为了达到预期目的，人们对所营造林的人工林进行了集约化的经营管理，如清除林下灌草等。然而，研究表明过度集约经营可能会导致森林固碳作用的减弱。所以，本区域内应该改变现有的人工林经营管理措施，基于近自然经营管理的思路，重新制定人工林经营管理模式，逐步提高其固碳能力。有研究表明：与铁、铝等材料的生产加工相比，木材的加工只需很少的能源，利用木材可间接减少碳的排放。因此，用木材代替其他材料，可以节省能源及减少二氧化碳的排放量。所以，济南市中部地区的森林生态系统除了自身的固碳作用抵消工业碳排放外，还可以通过其快速的生物量积累，缩短木材采伐期，进而减少铁、铝等材料的利用量，起到降低工业碳排放的作用。

四、林木积累营养物质

林木积累营养物质最高的 3 个县／市辖区为章丘市、历城区和长清区，分别为 0.61 万、0.41 万和 0.37 万吨／年，占全市总量的 66.56%；最低的 3 个县／市辖区为市中区、历下区和槐荫区，分别为 0.05 万、0.01 万和 0.008 万吨／年，仅占全市总量的 3.05%(图 3-13 至图 3-15)。

林木在生长过程中不断从周围环境中吸收营养物质，固定在植物体中，成为全球生物化学循环不可缺少的环节。林木积累营养物质服务功能，首先是维持自身生态系统的养分平衡，其次才是为人类提供生态系统服务。林木积累营养物质功能与固土保肥中的保肥功能，无论从机理、空间部位，还是计算方法上都有本质区别，前者属于生物地球化学循环的范畴，而保肥功能是从水土保持的角度考虑，即如果没有这片森林，每年水土流失中也将包含一定的营养物质，属于物理过程。从林木积累营养物质的过程可以看出，济南市南部地区可以一定程度上减少因为水土流失而带来的养分损失，在其生命周期内，使得固定在体内的养分元素在此进入生物地球化学循环，极大地降低了给水库和湿地水体带来富营养化的可能性。

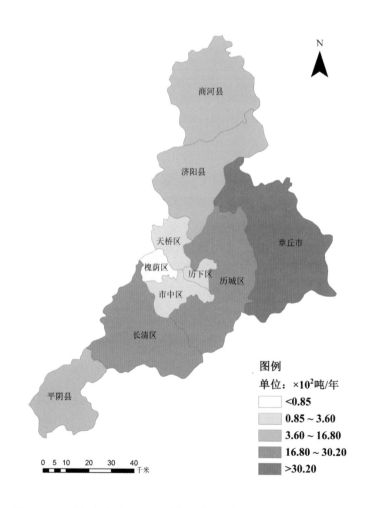

图 3-13　济南市各县／市辖区森林生态系统积累氮量分布

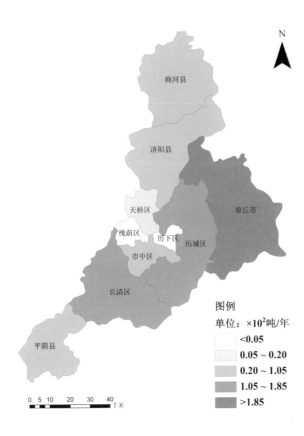

图 3-14　济南市各县 / 市辖区森林生态系统积累磷量分布

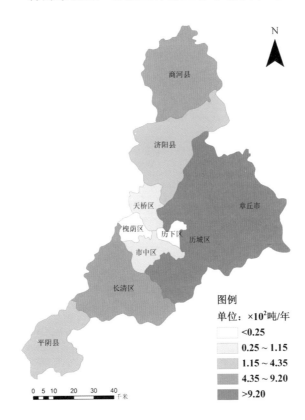

图 3-15　济南市各县 / 市辖区森林生态系统积累钾量分布

五、净化大气环境

提供负离子量最高的 3 个县 / 市辖区为历城区、长清区和章丘市，分别为 573.77×10^{21}、438.55×10^{21} 和 394.05×10^{21} 个 / 年，占全市总量的 67.39%；最低的 3 个县 / 市辖区为天桥区、历下区和槐荫区，分别为 25.76×10^{21}、17.81×10^{21} 和 4.01×10^{21} 个 / 年，仅占全市总量的 2.28%（图 3-16）。

空气负离子是一种重要的无形旅游资源，具有杀菌、降尘、清洁空气的功效，被誉为"空气维生素与生长素"，对人体健康十分有益，能改善肺器官功能，增加肺部吸氧量，促进人体新陈代谢，激活肌体多种酶和改善睡眠，提高人体免疫力、抗病能力。随着森林生态旅游的兴起及人们保健意识的增强，空气负离子作为一种重要的森林旅游资源已越来越受到人们的重视。森林环境中的空气负离子浓度高于城市居民区的空气负离子浓度，人们到森林游憩区旅游的一个重要目的之一是去那里呼吸清新的空气。有研究表明，济南市平阴大寨山自然保护区、药乡国家森林公园等空气负离子浓度明显高于其他地区，使得负离子成为以上地区的重要森林旅游资源，这主要取决于该区当地森林植被覆盖率高，水文条件良好。从评估结果可以看出，济南市南部山区森林生态系统产生负离子量最多，具有较高的旅游资源潜力。

吸收污染物量最高的 3 个县 / 市辖区为历城区、长清区和章丘市，分别为 1415.63 万、

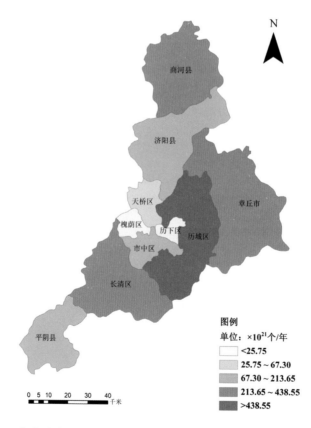

图 3-16　济南市各县 / 市辖区森林生态系统提供负离子量分布

991.43万和748.59万千克/年，占全市总量的68.55%；最低的3个县/市辖区为历下区、天桥区和槐荫区，分别为73.21万、38.61万和7.60万千克/年，仅占全市总量的2.59%（图3-17至图3-19）。森林可以吸附、吸收污染物或阻碍污染物扩散的作用。森林的这种作用通过各种途径来实现：一方面树木通过叶片吸收大气中的有害物质，降低大气有害物质的浓度；另一方面树木能使某些有害物质在体内分解，转化为无害物质后代谢利用。

二氧化硫是城市的主要污染物之一，对人体健康以及动植物生长危害比较严重。同时硫元素还是树木体内氨基酸的组成成分，也是林木所需要的营养元素之一，所以树木中都含有一定量的硫，在正常情况下树体中硫含量为干重的0.1%～0.3%。当空气被二氧化硫污染时，树木体内的含量为正常含量的5～10倍。济南市工业二氧化硫排放量为67842吨(济南统计年鉴2015)，而其森林生态系统二氧化硫吸收量（6340.61万千克）占工业二氧化硫排放量的63.98%，由此可见，济南市森林生态系统在吸收空气中二氧化硫的作用显著。

氮氧化物是大气污染的重要组成部分，它会破坏臭氧层，从而改变紫外线到达地面的强度。另外，氮氧化物还是产生酸雨的重要来源，酸雨对生态环境的影响已经广为人知。济南市森林生态系统的吸收氮氧化物功能可以减少空气中的氮氧化物含量，一定程度上降低了酸雨发生的可能性。

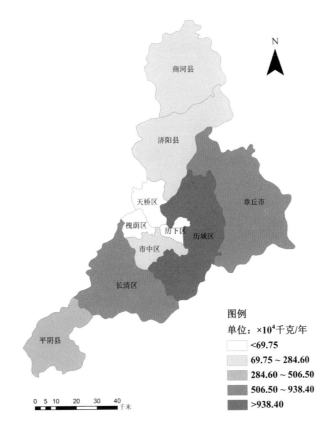

图3-17　济南市各县/市辖区森林生态系统吸收二氧化硫量分布

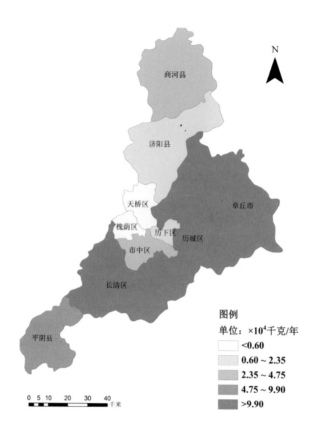

图 3-18　济南市各县／市辖区森林生态系统吸收氟化物量分布

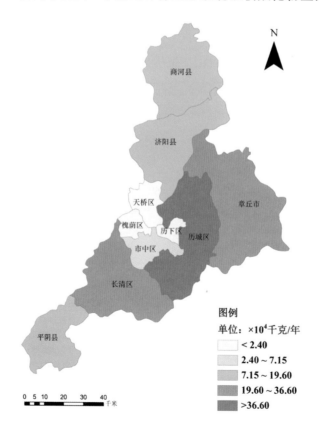

图 3-19　济南市各县／市辖区森林生态系统吸收氮氧化物量分布

　　滞纳 TSP 量最高的 3 个县 / 市辖区为历城区、长清区和章丘市，分别为 204.66 万、144.97 万和 100.94 万吨 / 年，占全市总量的 70.91%；最低的 3 个县 / 市辖区为历下区、天桥区和槐荫区，分别为 10.32 万、4.13 万和 0.89 万吨 / 年，仅占全市总量的 2.41%（图 3-20 至图 3-22）。森林的滞尘作用表现为：一方面，由于森林茂密的林冠结构，可以起到降低风速的作用。随着风速的降低，空气中携带的大量空气颗粒物会加速沉降；另一方面，由于植物的蒸腾作用，使树冠周围和森林表面保持较大湿度，使空气颗粒物容易降落吸附。最重要的还因为树体蒙尘之后，经过降水的淋洗滴落作用，使得植物又恢复了滞尘能力。受污染的空气经过森林反复洗涤过程后，变成了清洁的空气。树木的叶面积总数很大，森林叶面积的总和为其占地面积的数十倍。因此，使其具有较强的吸附滞纳颗粒物的能力。另外，植被对空气颗粒物有吸附滞纳、过滤的功能，其吸附滞纳颗粒物能力随植被种类、地区、面积大小、风速等环境因素不同而异，能力大小可相差十几倍到几十倍。所以，济南市应该充分发挥森林生态系统治污减霾的作用，调控区域内空气中颗粒物含量（尤其是 $PM_{2.5}$），有效地遏制雾霾天气的发生。另外，济南市南部地区的森林生态系统吸附滞纳颗粒物功能较强，有效地调减了市区重污染区的空气颗粒物含量，助推环境质量改善，对于创建蓝天白云、山清水秀的美丽宜居环境具有积极的促进作用。

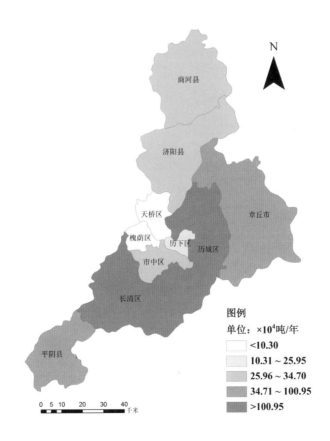

图 3-20　济南市各县 / 市辖区森林生态系统滞尘量分布

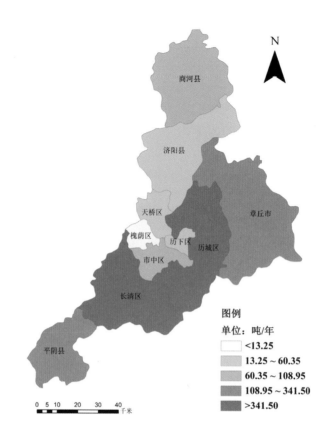

图 3-21　济南市各县 / 市辖区森林生态系统滞纳 PM₁₀ 量分布

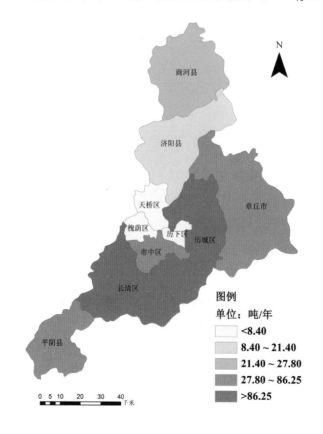

图 3-22　济南市各县 / 市辖区森林生态系统滞纳 PM₂.₅ 量分布

据《济南统计年鉴2015》显示：2014年，济南市各县／市辖区空气中二氧化硫年均浓度为0.072毫克／立方米，比上年下降29.17个百分点；二氧化氮年均浓度为0.053毫克／立方米，比上年下降11.32个百分点；可吸入颗粒物PM_{10}年均浓度为0.172毫克／立方米，比上年下降11.05个百分点；可吸入颗粒物$PM_{2.5}$年均浓度为0.09毫克／立方米，比上年下降20.00个百分点。济南市森林生态系统吸收污染物量和滞纳颗粒物量以及工业消减量，对维护济南市乃至山东省空气环境质量起到了非常重要的作用。此外，还可以增加当地居民的旅游收入，进一步调整了区域内的经济发展模式，提高第三产业经济总量。这样可以提高人们保护生态环境的意识，使其形成一种良性的经济循环模式。

从以上评估结果可知，济南市森林生态系统各项服务的空间分布格局决定于以下几个方面的原因。

1. 森林资源结构组成

第一，与森林面积分布有关。济南市北部、中部和南部的森林面积所占比例分别为16.41%、52.55%和31.04%。从各项服务的评估公式中可以看出，森林面积是生态系统服务强弱的最直接影响因子。南部主要是低山丘陵区，由于人为干扰程度低于北部和中部，其森林资源受到的破坏程度低。同时，南部还是济南市生物多样性最高的区域，其区域内森林资源丰富，且类型较多。所以，此区域的森林生态系统服务最强。北部和中部主要是平原，为济南市重要的粮食产区，且经济活动较为活跃，森林资源遭受到了严重的破坏。由于较长时间的农田开垦，使得此区域内森林植被稀少，绝大部分为人工林，树种单一，生态功能较弱。但由于拥有大面积的防护林，其在水源涵养和固土方面的生态功能较为突出。

第二，与林龄结构有关。森林生态系统服务是在林木生长过程中产生的，林木的高生长也会对生态系统服务带来正面的影响（宋庆丰等，2015）。林木生长的快慢反映在净初级生产力上，影响净初级生产力的因素包括：林分因子、气候因子、土壤因子和地形因子，它们对净初级生产力的贡献率不同，分别为56.7%、16.5%、2.4%和24.4%。林分因子中，林分年龄对净初级生产力的变化影响较大，中龄林和近熟林有绝对的优势（Hel. et al.，2012）。从济南市森林资源数据中可以看出，幼龄林和中龄林面积占全市森林总面积的93.45%。林分蓄积随着林龄的增加而增加，随着时间的推移，幼龄林逐渐向成熟林的方向发展，从而使林分蓄积量得以提高（Nishizono，2010）。

林分年龄与其单位面积水源涵养效益呈正相关性，随着林分年龄的不断增长，这种效益的增长速度逐渐变缓（Zhang，2013），本研究结果证实了以上现象的存在。森林从地上冠层到地下根系，都对水土流失有着直接或间接的作用，只有森林对地面的覆盖达到一定程度时，才能起到防止土壤侵蚀的作用。随着植被的不断生长，根系对土壤的缠绕支撑和串联等作用增强，进而增加了土壤抗侵蚀能力（Wainwright J，2000；Gilley J E，

2000）。

但森林生态系统的保育土壤功能不可能随着森林的持续增长和林分蓄积的逐渐增加而持续增长。土壤养分随着地表径流的流失与乔木层及其根、冠生物量呈现幂函数变化曲线的结果，其转折点基本在中龄林与近熟林之间。这主要由于森林生产力存在最大值现象，其会随着林龄的增长而降低（Murty 和 Murtrie，2000；Song 和 Woodcock，2003），年蓄积生产量／蓄积量与年净初级生产力(NPP)存在函数关系，随着年蓄积生产量／蓄积量的增加，生产力逐渐降低（Bellassen et al，2011）。

第三，与森林起源有关。天然林拥有生物圈中功能最完备的动植物群落，其结构复杂、功能完善、生态稳定性高。人工林和天然林群落结构与物种多样性方面存在着巨大差异，天然林的群落层次比人工林复杂，物种多样性比人工林丰富。而人工林由于其集约化的经营管理措施，使得林分结构良好，林分的生长速度要快于天然林，因此，其固碳释氧功能由于速生的特性而发挥着相当重要的作用。由于在经济发展过程中，济南市的原生森林资源受到了严重的破坏，现存森林主要以人工林为主，人工林占其森林资源总面积的 99.90%。因此，济南市森林生态系统服务空间分布格局主要取决于人工林的影响。

第四，与森林质量有关，也就是与生物量有直接的关系（图 3-23）。由于蓄积量与生物量存在一定关系，则蓄积量也可以代表森林质量。由济南市资源数据可以得出，济南市林分蓄积量的空间分布大致上表现为南部低山丘陵区大于北部平原区。有研究表明：生物量的高生长也会带动其他森林生态系统服务功能项的增强。生态系统的单位面积生态功能的大小与该生态系统的生物量有密切关系（Feng et al，2008），一般来说，生物量越大，生态系统功能越强（Fang et al，2001）。优势树种（组）大量研究结果印证了随着森林蓄积量的增长，涵养水源功能逐渐增强的结论，主要表现在林冠截留、枯落物蓄水、土壤层蓄水和土壤入渗等方面的提升（Tekiehaimanot，1991）。但是，随着林分蓄积的增长，林冠结构、枯落物厚度和土壤结构将达到一个相对稳定的状态，此时的涵养水源能力应该也处于一个相对稳定的最高值。随着林中各部分生物量的不断积累，尤其是受到枯落物厚度的影响，森林的水源涵养能力会处于一个相对稳定的状态。森林生态系统涵养水源功能较强时，其固土功能也必然较高，其与林分蓄积也存在较大的关系。植被根系的固土能力与林分生物量呈正相关，而且林冠层还能降低降雨对土壤表层的冲刷（Carroll et al，1997）。有关生态公益林水土保持生态效益的研究显示，将影响水土保持效益的各项因子进行了分配权重值，其中林分蓄积的权重值最高。林分蓄积量的增加即为生物量的增加，根据森林生态系统固碳功能评估公式（公式 1-15）可以看出，生物量的增加即为植被固碳量的增加。另外，土壤固碳量也是影响森林生态系统固碳量的主要原因，地球陆地生态系统碳库的 70% 左右被封存在土壤中。在特定的生物、气候带中，随着地上植被的生长，土壤碳库及碳形态将会达到稳定状态（Post et al，1982）。也就是说在地表植被覆盖不发生剧烈变化的情况下，土壤碳库是相对稳定的。随着林龄的增长，蓄积量的增加，森林植被单位面积固碳潜力逐步提升（魏文俊，2014）。

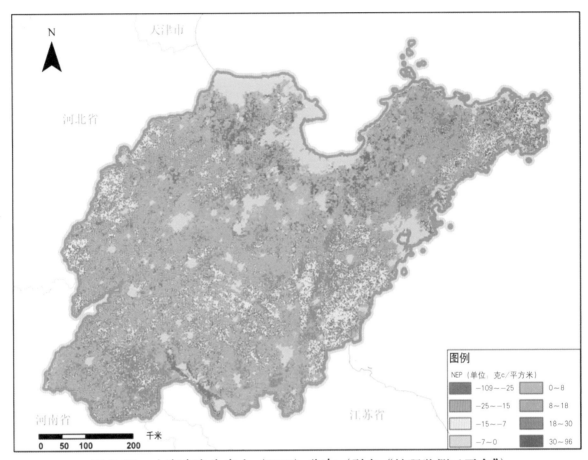

图 3-23　山东省净生产力（NEP）分布（引自"地理监测云平台"）

第五，与林种结构组成有关。林种结构的组成一定程度上反映了某一区域在林业规划中所承担的林业建设任务。比如，当某一区域分布着大面积的防护林时，这就说明这一区域林业建设侧重的是防护功能。当某一特定区域由于地形、地貌等原因，容易发生水土流失时，那么构建的防护林体系一定是水土保持林，主要起到固持水土的功能；当某一特定区域位于大江大河的水源地，或者重要水库的水源地时，那么构建的防护林体系一定是水源涵养林，主要起水源涵养和调洪蓄洪的功能。由济南市森林资源数据可以得出，济南市的涵养水源林主要分布在南部低山丘陵区的平阴县、长清区、历城区和章丘市，这些地区恰是本市河流或水库的水源地，分布着全市约80%的水源涵养林。此外，济南市北部平原地区的济阳县、商河县等县（区），其防风固沙所占比例约为70%，农田防护所占比例约为75%，该区属于黄河下游，且平原农业活动较强，因此需要防风固沙林和农田防护林的保护。所以，由于树种结构组成的不同，导致了本市森林生态系统服务功能呈现目前的空间格局。

2.气候因素

在所有的气候因素中，能够对林木生长造成影响的为温度和降雨，因为水热条件限制着林木的生长（Nikolev et al，2011）。相关研究发现，在湿度和温度均较低时，土壤的呼吸速率会减慢（Wang Rui et al，2016）。水热条件通过影响林木生长，进而对森林生态系统服务产生影响。

在一定范围内，温度越高，林木生长越快，则其生态系统服务也就越强。其原因主要是：其一，因为温度越高，植物的蒸腾速率也就越大，体内就会积累更多的养分元素，继而增加生物量的积累；其二，温度越高，在充足水分的前提下，蒸腾速率加快，而此时植物叶片气孔处于完全打开的状态，这样就会增强植物的呼吸作用，为光合作用提供充足的二氧化碳（Smith，2013）；其三，温度通过控制叶片中的淀粉的降解和运转，以及糖分与蛋白质之间的转化，进而起到控制叶片光合速率的作用（Ali A et al，2015；Calzadilla et al，2016）。济南市地处中纬度地带，属于暖温带半湿润季风型气候，多年平均气温为14.1℃，年均气温南部低山丘陵区低于北部平原区（图3-24），这对济南市不同优势树种（组）的空间分布有一定的影响。

另外，降水量与森林生态效益呈正相关关系，主要是由于降雨量作为参数被用于森林

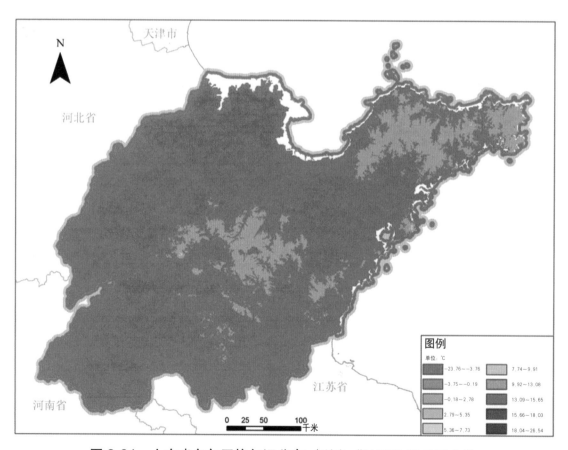

图 3-24　山东省多年平均气温分布（引自"地理监测云平台"）

涵养水源的计算，与涵养水源生态效益呈正相关；另一方面，降雨量的大小还会影响生物量的高低，进而影响到固碳释氧功能（牛香，2012；国家林业局，2013）。济南市多年平均降水量在 585~800mm 之间，总的分布趋势是南部大于北部（图 3-25）。降水量还与森林滞纳颗粒物的高低有直接的关系，因为降水量大也就意味着一年之内雨水对植被叶片的清洗次数增加，由此带来森林滞纳颗粒物功能的增强。

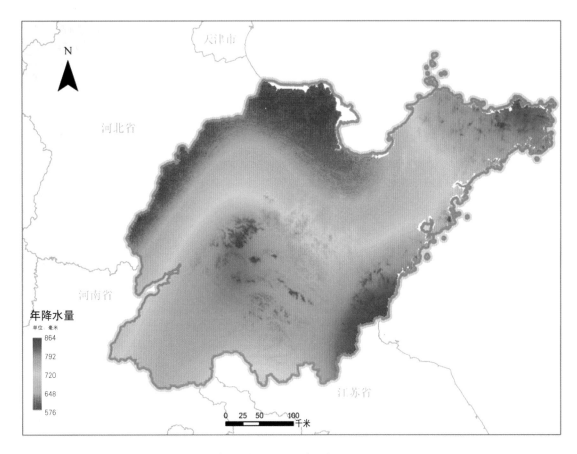

图 3-25　山东省多年平均气温分布（引自"地理监测云平台"）

3.区域性要素

济南市每个区域各有特点，南部低山丘陵区，森林植被相对丰富，是济南市重要的森林覆被区。此区域林木生长较高，自然植被保护相对较好，生物多样性较为丰富，同时也是水土流失重点治理区。本区域以低地和丘陵为主，雨量适中，为林木生长提供了良好的生长环境。此外，本区域交通不便，森林生态系统受到人为影响较少。中部的天桥、历下、市中和槐荫等区是济南市经济最活跃的区域，区内人为活动频繁，生态环境脆弱，农田和森林生态系统相互交错，林地生产力不高，单位面积蓄积量和生长量比较低。由于以上区域因素对林木的生长产生了影响，进而影响到了森林生态系统服务。

济南市南部低山丘陵区植被覆盖度相对较大，土壤中的有机质含量较高，在固持相同

土壤量的情况下，能够避免更多的土壤养分流失。该区较其他地区物种多样性相对丰富，土壤覆盖度和固持度较高，保育土壤功能高于林种类型单一的人工林。并且南部低山丘陵区涵养水源能力较强，减弱了地表径流的形成，减少了对土壤的冲刷（图3-26）。总的来说，济南市森林生态系统服务表现为南部低山丘陵区高于中部和北部平原区的空间分布格局，主要受到森林资源组成结构、气候要素和区域性要素的影响。这些原因均是对森林生态系统净初级生产力产生作用的前提下，继而影响了森林生态系统服务的强弱。

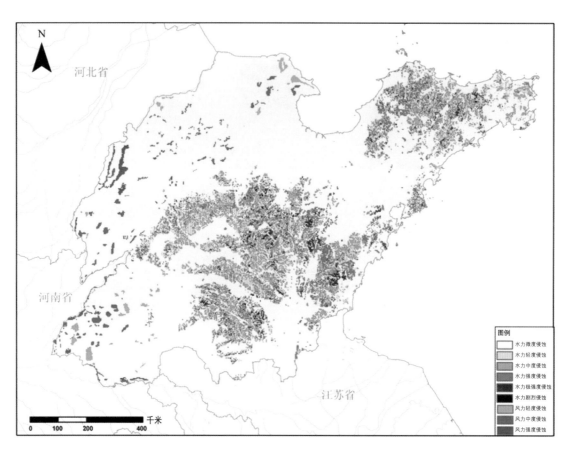

图3-26　山东省土壤侵蚀分布（引自"地理监测云平台"）

第三节　济南市不同优势树种（组）生态系统服务功能物质量评估结果

　　本研究根据森林生态系统服务评估公式，并基于济南市森林资源数据，计算了主要优势树种（组）森林生态系统服务的物质量。各优势树种（组）的固碳量按照林业行业标准《森林生态系统服务功能评估规范》（LY/T 1721—2008）计算出各优势树种（组）潜在固碳量，此处未减去由于森林采伐消耗造成的碳损失量。济南市各优势树种（组）生态系统服务物质量如表3-3及图3-27至图3-31所示。

表3-3 济南市主要优势树种（组）生态系统服务功能物质量评估结果

优势树种（组）	调节水量（10^8立方米/年）	保育土壤					固碳释氧（10^4吨/年）		林木积累营养物质（10^2吨/年）			提供负离子量（10^21个/年）	净化大气环境					
		固土（10^4吨/年）	固氮（10^2吨/年）	固磷（10^2吨/年）	固钾（10^2吨/年）	固有机质（10^2吨/年）	固碳	释氧	氮	磷	钾		吸附二氧化硫（10^4千克/年）	吸附氟化物（10^4千克/年）	吸附氮氧化物（10^4千克/年）	TSP（10^4千克/年）	滞尘量 滞纳PM_{10}（10^4千克/年）	滞纳PM_{2.5}（10^4千克/年）
柏类	2.27	539.24	106.06	15.82	79.50	1448.46	13.20	19.54	15.00	0.88	2.04	688.41	2312.53	47.22	65.88	361.81	1127.69	287.34
落叶松	<0.01	0.01	<0.01	<0.01	<0.01	0.03	<0.01	<0.01	<0.01	<0.01	<0.01	0.02	0.04	<0.01	<0.01	0.01	0.02	0.01
松类	0.21	52.90	15.33	1.64	6.92	139.60	1.65	2.63	2.54	0.22	1.09	170.33	115.00	0.49	5.87	32.46	159.05	37.84
栎类	0.05	11.94	3.11	0.24	3.70	34.04	0.29	0.38	0.34	0.02	0.09	20.26	18.31	0.62	1.24	2.19	5.61	1.12
刺槐	0.46	91.77	25.65	2.75	17.47	277.27	4.18	6.19	6.01	0.39	1.52	134.89	140.14	0.79	9.50	16.02	104.60	20.92
白杨类	0.06	13.09	1.89	0.87	0.57	17.14	1.28	3.07	3.11	0.19	0.71	15.73	18.72	0.11	1.27	2.12	6.25	1.70
黑杨类	2.36	473.79	170.81	46.55	11.66	609.40	40.63	95.55	96.69	5.85	21.97	677.13	842.43	4.75	57.02	96.08	251.07	68.08
泡桐	<0.01	0.16	0.02	0.01	0.14	0.18	0.01	0.03	0.03	<0.01	0.01	0.27	0.61	<0.01	0.03	0.11	0.48	0.14
其他	0.08	43.10	9.66	3.42	2.02	56.45	4.92	11.71	15.75	0.45	10.75	80.05	83.58	2.01	5.66	9.55	51.85	14.96
经济林	2.39	140.42	17.93	6.87	19.87	95.74	8.47	16.10	12.51	0.91	4.29	275.01	707.36	12.93	38.22	101.07	212.47	54.73
灌木林	0.38	82.14	36.06	4.11	41.09	250.23	2.18	4.92	3.62	0.32	1.14	24.86	101.86	0.69	8.28	13.98	60.14	15.64
竹林	<0.01	0.01	<0.01	<0.01	0.02	0.02	<0.01	<0.01	<0.01	<0.01	<0.01	0.03	0.03	<0.01	<0.01	<0.01	0.04	0.01
合计	8.26	1448.57	386.52	82.28	182.96	2928.56	76.81	160.12	155.60	9.23	43.61	2086.99	4340.61	69.61	192.97	635.40	1979.27	502.48

一、涵养水源

调节水量最高的 3 种优势树种（组）为经济林、黑杨类和柏类，分别为 2.39 亿、2.36 亿和 2.27 亿立方米 / 年，占全市总量的 84.99%；最低的 3 种优势树种（组）为泡桐、竹林和落叶松，分别为 0.0013 亿、0.0001 亿和 0.00003 亿立方米 / 年，仅占全市总量的 0.02%（图 3-27）。从森林资源数据中可以看出，经济林、黑杨类和柏类大部分分布在南部地区的历城区、长清区、章丘市和平阴县，占全市以上优势树种（组）资源面积的 75.53%，且占以上 4 个县 / 市辖区森林资源总面积的 82.49%。同时，以上 3 个优势树种（组）调节水量相当于全市地表水资源总量的 86.91%，这表明经济林、黑杨类和柏类的涵养水源功能对于南部山区乃至济南市的水资源安全起着非常重要的作用。另外，济南市许多重要的水库和湿地也位于以上区域或者下游地区，森林生态系统的调节水量功能可以保障水库和湿地的水资源供给，为人们的生产生活安全提供了一道绿色屏障。

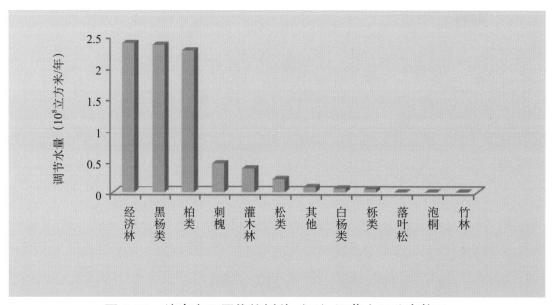

图 3-27　济南市不同优势树种（组）调节水量分布格局

二、保育土壤

固土量最高的 3 种优势树种组为柏类、黑杨类和经济林，分别为 539.24 万、473.79 万和 140.42 万吨 / 年，占全市总量的 79.63%；最低的 3 种优势树种（组）为泡桐、落叶松和竹林，分别为 0.16 万、0.01 万和 0.01 万吨 / 年，仅占全市总量的 0.01%（图 3-28）。从以上评估结果可知：柏类、黑杨类和经济林均集中分布在济南市南部地区。土壤侵蚀与水土流失现在已成为人们共同关注的生态环境问题，它不仅导致表层土壤随地表径流流失，切割蚕食地表，而且径流携带的泥沙又会淤积阻塞江河湖泊，抬高河床，增加了洪涝的隐患。那么，柏类、黑杨类和经济林固土功能的作用体现在防治南部山区水土流失方面，为该区社会、经济发展提供了重要保障，为生态效益科学化补偿提供了科学支撑。另

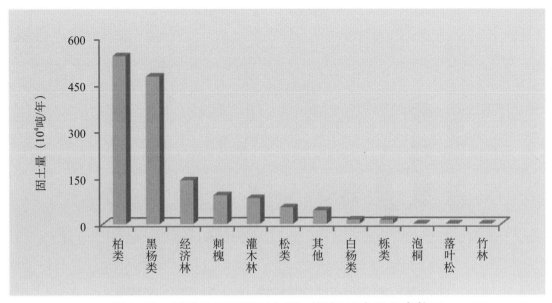

图 3-28 济南市不同优势树种（组）固土量分布格局

外，柏类、黑杨类和经济林的固土功能还极大限度地提高了水库的使用寿命，保障了南部地区以及济南市的用水安全。土壤侵蚀特别是加速侵蚀造成肥沃的表层土壤大量流失，使土壤理化性质和生物学特性发生相应的退化，导致土壤肥力与生产力的降低。保肥量最高的 3 种优势树种（组）为柏类、黑杨类和灌木林，分别为 164984、83842 和 33149 吨 / 年，占全市总量的 78.76%；最低的 3 种优势树种（组）为泡桐、竹林和落叶松，分别为 35、4 和 3 吨 / 年，仅占全市总量的 0.01%（图 3-29 至图 3-33）。伴随着土壤的侵蚀，大量的土壤养分也随之被带走，一旦进入水库或者湿地，极有可能引发水体的富营养化，导致更为

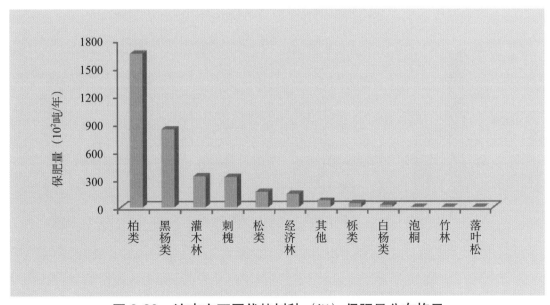

图 3-29 济南市不同优势树种（组）保肥量分布格局

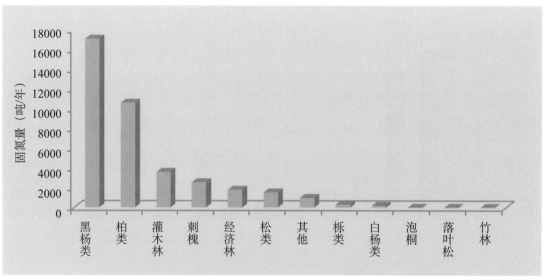

图 3-30　济南市不同优势树种（组）固氮量分布格局

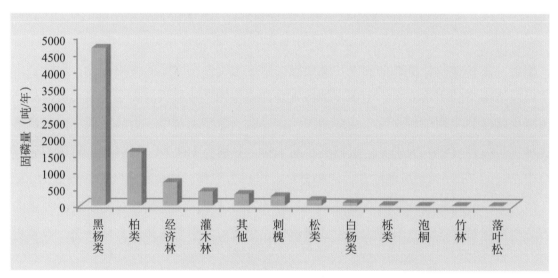

图 3-31　济南市不同优势树种（组）固磷量分布格局

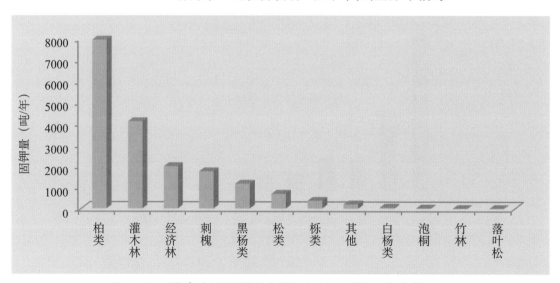

图 3-32　济南市不同优势树种（组）固钾量分布格局

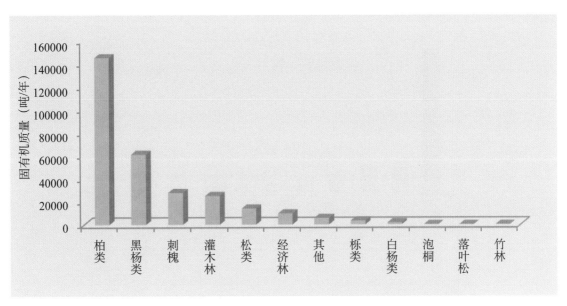

图 3-33　济南市不同优势树种（组）固有机质量分布格局

严重的生态灾难。同时，由于土壤侵蚀所带来的土壤贫瘠化，会使人们加大肥料使用量，继而带来严重的面源污染，使其进入一种恶性循环。所以，森林生态系统的保育土壤功能对于保障生态环境安全具有非常重要的作用，在济南市所有的优势树种（组）中，柏类和黑杨类的作用最大。

三、固碳释氧

固碳量最高的 3 种优势树种（组）为黑杨类、柏类和经济林，分别为 40.63 万、13.20 万和 8.47 万吨／年，占全市总量的 81.11%；最低的 3 种优势树种组为泡桐、竹林和落叶松，

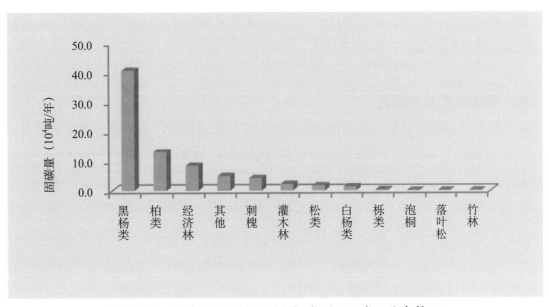

图 3-34　济南市不同优势树种（组）固碳量分布格局

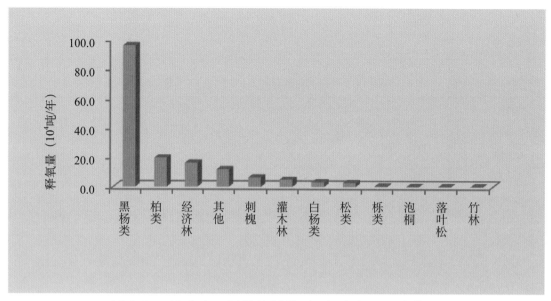

图 3-35　济南市不同优势树种（组）释氧量分布格局

分别为 0.01 万、0.0009 万和 0.00031 万吨 / 年，仅占全市总量的 0.01%（图 3-34）。释氧量最高的 3 种优势树种（组）为黑杨类、柏类和经济林，分别为 95.55 万、19.54 万和 16.10 万吨 / 年，占全市总量的 81.93%；最低的 3 种优势树种组为泡桐、竹林和落叶松，分别为 0.03 万、0.002 万和 0.00049 万吨 / 年，仅占全市总量的 0.02%（图 3-35）。从以上评估结果可知，黑杨类、柏类和经济林大部分分布在南部地区，由于其分布区域的特殊性，使得以上优势树种（组）在固碳方面的作用显得尤为突出。南部山区位于济南市中部经济最为活跃的区域（历下区、市中区、槐荫区和天桥区）南面。空气属于一种连续流通体，由于地形的因素，空气污染物包括二氧化碳容易在南部山区边缘汇集，则济南市南部山区的森林生态系统的固碳功能发挥着重要的作用。济南市阔叶黑杨类、柏类和经济林的固碳功能对于削减空气中二氧化碳浓度十分重要，这可为济南市内生态效益科学化补偿以及跨区域的生态效益科学化补偿提供基础数据。

四、林木积累营养物质

　　林木积累营养物质量最高的 3 种优势树种（组）为黑杨类、其他林分类型、柏类，分别为 12451、2695 和 1792 吨 / 年，占全市总量的 81.26%；最低的 3 种优势树种（组）为泡桐、竹林和落叶松，分别为 4.00、0.48 和 0.039 吨 / 年，仅占全市总量的 0.02%（图 3-36 至图 3-39）。林木在生长过程中不断从周围环境吸收营养物质，固定在植物体中，成为全球生物化学循环不可缺少的环节。林木积累营养物质服务功能首先是维持自身生态系统的养分平衡，其次才是为人类提供生态系统服务。林木积累营养物质功能与固土保肥中的保肥功能，无论从机理、空间部位，还是计算方法上都有本质区别，它属于生物地球化学循环的范畴，而保肥功能是从水土保持的角度考虑，即如果没有这片森林，每年水土流失中也将包含一

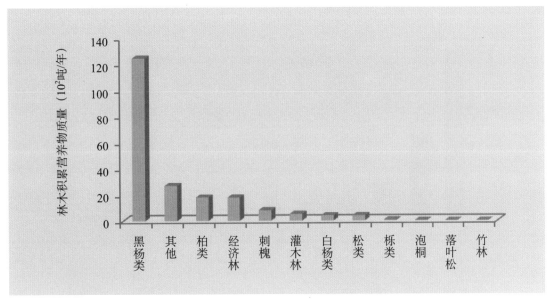

图 3-36 济南市不同优势树种（组）林木积累营养物质量分布格局

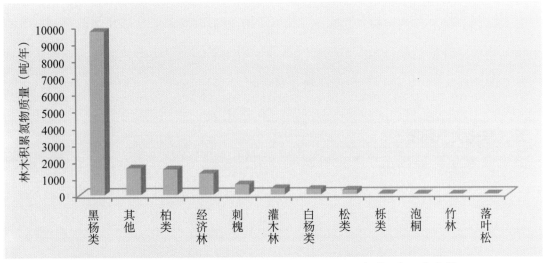

图 3-37 济南市不同优势树种（组）林木积累氮物质量分布格局

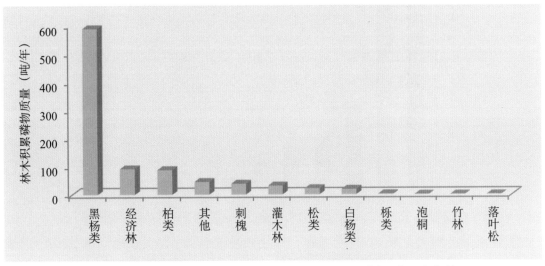

图 3-38 济南市不同优势树种（组）林木积累磷物质量分布格局

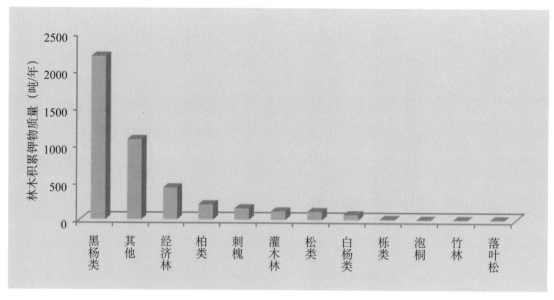

图 3-39　济南市不同优势树种（组）林木积累钾物质量分布格局

定了营养物质，属于物理过程。黑杨类、其他、柏类主要分布在济南市南部地区。从林木积累营养物质的评估结果可知，黑杨类、其他、柏类可以一定程度上减少因水土流失而带来的养分损失，从而降低水库和湿地水体富营养化。

五、净化大气环境

提供负离子量最高的3种优势树种（组）为柏类、黑杨类和经济林，分别为 688.41×10^{21}、677.13×10^{21} 和 275.01×10^{21} 个/年，占全市总量的 78.61%；最低的3种优势树种（组）为泡桐、竹林和落叶松，分别为 0.27×10^{21}、0.03×10^{21} 和 0.02×10^{21} 个/年，仅

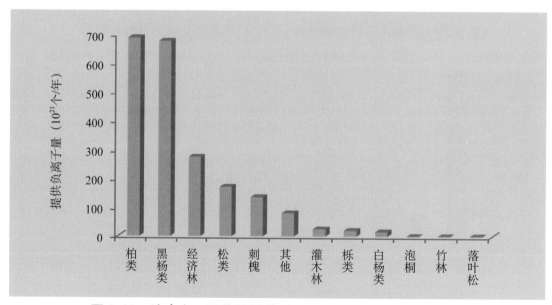

图 3-40　济南市不同优势树种（组）提供负离子量分布格局

占全市总量的 0.01%（图 3-40）。吸收污染物量最高的 3 种优势树种（组）为柏类、黑杨类和经济林，分别为 242563、90420 和 75851 千克／年，占全市总量的 88.82%；最低的 3 种优势树种（组）为泡桐、落叶松和竹林，分别为 64、4 和 3 吨／年，仅占全市总量的 0.01%（图 3-41 至图 3-44）。滞纳 TSP 量最高的 3 种优势树种（组）为柏类、经济林和黑杨类，分别为 361.81 万、101.07 万和 96.08 万吨／年，占全市总量的 87.97%；最低的 3 种优势树种（组）为泡桐、落叶松和竹林，分别 0.11 万、0.01 万和 0.004 万吨／年，仅占全市总量的 0.02%（图 3-45）。空气负离子是一种重要的无形旅游资源，具有杀菌、降尘、清洁空气的功效，被誉为"空气维生素与生长素"，对人体健康十分有益。随着森林生态旅游的兴起及人们保健意

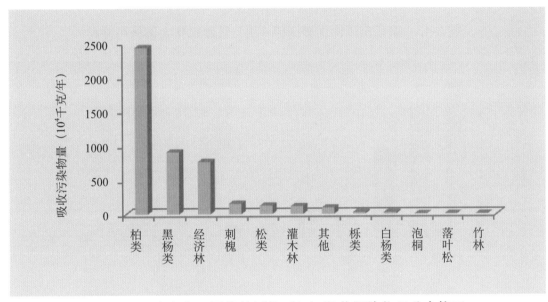

图 3-41 济南市不同优势树种（组）吸收污染物量分布格局

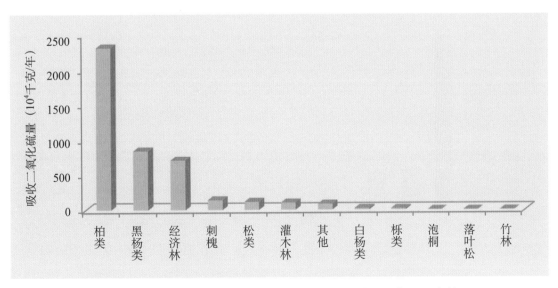

图 3-42 济南市不同优势树种（组）吸收二氧化硫量分布格局

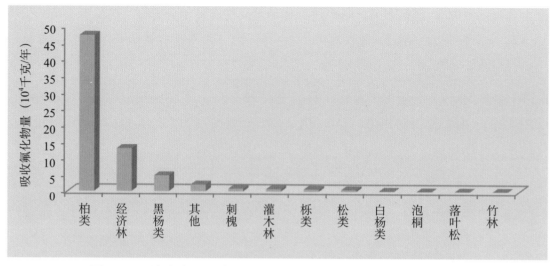

图 3-43　济南市不同优势树种（组）吸收氟化物量分布格局

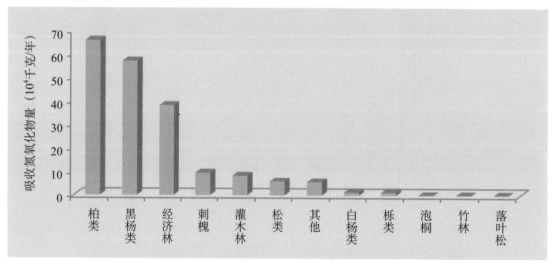

图 3-44　济南市不同优势树种（组）吸收氮氧化物量分布格局

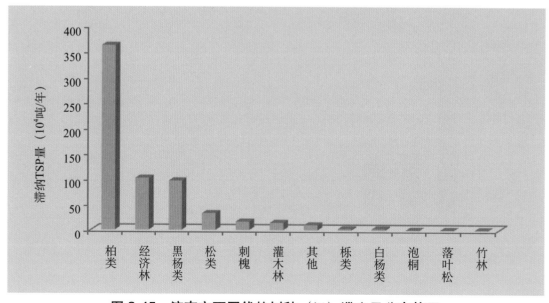

图 3-45　济南市不同优势树种（组）滞尘量分布格局

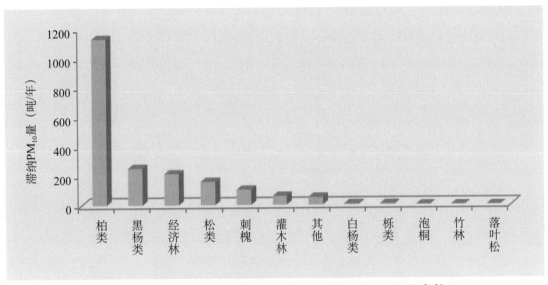

图 3-46 济南市不同优势树种（组）滞纳 PM$_{10}$ 量分布格局

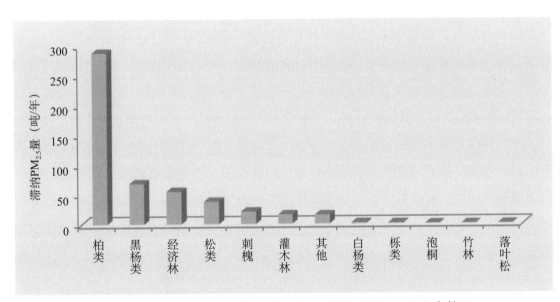

图 3-47 济南市不同优势树种（组）滞纳 PM2.5 量分布格局

识的增强，空气负离子作为一种重要的森林旅游资源已越来越受到人们的重视。新建和晋升市级以上森林公园 23 处，2015 年，济南市被全国绿化委员会、国家林业局正式授予"国家森林城市"称号。所以，柏类、黑杨类和经济林生态系统所提供的空气负离子，对于提升济南市旅游区的旅游资源质量具有十分重要的作用。

通过以上结果可知，各优势树种（组）生态服务功能物质量排序前几位的均为柏类、黑杨类和经济林，最后几位的均为泡桐、竹林和落叶松。由表 3-3 可知，各优势树种（组）面积所占比例，排序前三的同样为柏类、经济林和黑杨类，而排序后三位的为泡桐、竹林和落叶松。继而可知，各优势树种（组）生态服务功能物质量的大小与其面积呈正相关性。

同时，乔木林的各项生态系统服务均高于经济林和灌木林。济南市各优势树种（组）中，柏类和黑杨类的各项生态系统服务强于其他优势树种（组），这2种优势树种（组）均为本区域的地带性植被且与其分布面积有直接的关系。以上2种优势树种组65%以上的资源面积分布在南部山区，该区域的自然特征和森林资源状况，保证了其森林生态系统服务的正常发挥。

济南市柏类和黑杨类这2个优势树种（组）大部分分布于南部山区，其实就是分布在山区的自然保护区内。根据相关资料显示：济南市近些年来实施了森林公园与自然保护区建设工程，2010～2015年，规划建设和提升森林公园共34处，其中，国家级森林公园3处、省级森林公园10处、市级森林公园11处、县级森林公园10处，经营面积达到41万亩。2016～2017年，进一步加大建设力度，促进森林旅游发展。2010～2015年，规划将现有历城的柳埠和平阴的大寨山2处森林生态类型市级自然保护区晋升为省级自然保护区；新建长清大峰山和历城黑峪2处森林生态类型自然保护区。规划期末，自然保护区达到4处，经营面积达到21万亩。2016～2017年，进一步扩大保护区规模，提升保护功能，促进人与自然和谐。自然保护区是开展生物多样性和自然遗产就地保护最为经济有效的途径，是人类经济持续发展的重要保障。保护区内的生态系统具有较高的完整性和稳定性，因此，其提供的生态系统服务也更为显著。济南市森林公园与自然保护区建设工程为其森林资源的保护和进一步扩展奠定了基础，对提高济南市森林生态系统服务功能起到了积极推动作用。

关于林龄结构对于生态系统服务的影响，已在前文中进行了论述。从济南市森林资源数据中可以得出，柏类和黑杨类的幼龄林和中龄林面积占济南市森林总面积的55.05%，这足以说明此2个优势树种（组）正处于林木生长速度最快的阶段，林木的高生长带来了较强的森林生态系统服务。不同森林植被类型土壤蓄水能力的研究显示，中龄林的土壤蓄水能力强于近熟林。在森林起源方面，柏类和黑杨类的人工林面积所占比重较高，为99.90%。不同起源固碳释氧单位面积生态效益物质量中，人工林高于天然林，这主要是由于人工林在人为的培育和栽培下，在适宜生长环境下的林分净生产力高于天然林（董秀凯等，2014）。加上合理的经营管理措施，使得其森林生态系统结构较为合理，可以高效、稳定地发挥其生态系统服务。

本研究中，将森林滞纳PM_{10}和$PM_{2.5}$从滞尘功能中分离出来，进行了独立的评估。由评估结果可知，针叶林如松类吸附与滞纳污染物的能力普遍较强，净化大气环境能力较强。柞树和阔叶混交林的净化大气环境能力高，主要由于其自然滞尘的速率较高且森林面积较大（张维康，2015）。所以，除了柞树和阔叶混交林外，滞纳颗粒物能力较强的均为针叶林。由于其单位面积对于$PM_{2.5}$和PM_{10}的滞纳量高于其他优势树种（组）。所以，针叶林滞纳$PM_{2.5}$与PM_{10}的能力较强（Zhang，2015）。以上优势树种（组）的滞尘能力较强的另一种原因是，其大部分分布在济南市南部地区，这一区域年降雨量较高且次数较多，由于在降雨的作用下，树木叶片表面滞纳的颗粒物能够再次悬浮回到空气中，或洗脱至地面（Hofman，2014），使叶片具有反复滞纳颗粒物的能力。

牛香等（2012）和董秀凯等（2014）在吉林省以及林业局尺度上的森林生态系统服务功能价值评估的研究中，得出了乔木林生态系统服务功能高于经济林、灌木林的结果，这与本研究的评估结果相同。有研究表明，乔木林的地表被大量的枯落物层覆盖，同时还具有良好的林下植被层和土壤状况，最终使其具有较好的水源涵养能力。乔木林具有较强的涵养水源功能，也就意味着其土壤的侵蚀量较低，则其保育土壤功能也较强。同时，林木积累营养物质和净化大气环境生态效益的发挥与林分的净初级生产力（林木生命活动强弱）密切相关（国家林业局，2015）。综上所述，乔木林具有较强的森林生态系统功能。另外，乔木林具有更加庞大的地下根系系统，大量根系的周转，大大增加了土壤中有机质的含量。

综上所述，济南市各个优势树种（组）的生态系统服务中，以柏类和黑杨类 2 个优势树种（组）最强，主要受森林资源数量（面积和蓄积量）、林龄以及起源结构组成的影响。另外，其所处地理位置也是影响森林生态系统服务的主要因素之一。其次，乔木林的各项生态系统服务均高于经济林和灌木林，这主要与其各自的生境以及生物学特性有关。

第四章

济南市森林生态系统
服务功能价值量评估

第一节　济南市森林生态系统服务功能价值量评估总结果

济南市森林生态系统服务功能总价值量为 264.41 亿元 / 年（相当于 2015 年济南市 GDP 6100.20 亿元的 4.33%），每公顷森林提供的价值平均为 7.42 万元 / 年。涵养水源、保育土壤、固碳释氧、林木积累营养物质、净化大气环境、生物多样性保护、森林防护和森林游憩 8 项生态服务的价值及所占比例详见表 4-1。

在 8 项森林生态服务功能价值的贡献之中（图 4-1），其从大到小的顺序为：涵养水源、

表 4-1　济南市森林生态系统服务价值量评估结果

单位：$\times 10^8$ 元 / 年，%

功能项	涵养水源	保育土壤	固碳释氧	林木积累营养物质	净化大气环境	森林防护	生物多样性保护	森林游憩	合计
价值量	90.68	19.64	65.01	3.95	34.21	0.61	38.31	12.00	264.41
比例	34.29	7.43	24.59	1.49	12.94	0.23	14.49	4.54	100.00

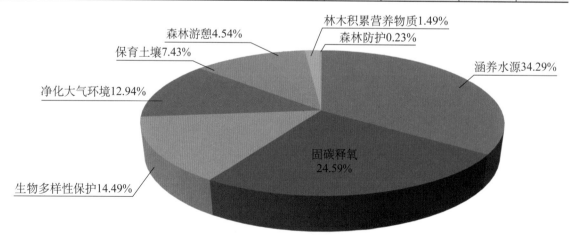

图 4-1　济南市森林生态系统服务各项价值量比例

固碳释氧、生物多样性保护、净化大气环境、保育土壤、森林游憩、林木积累营养物质和森林防护。其中，涵养水源价值量最高，占森林生态服务总价值量的34.29%；固碳释氧的价值量次之，占森林生态服务总价值量的24.59%；森林防护的价值量最低，仅占0.23%。济南市各项森林生态系统服务价值量所占总价值量的比例，能够充分体现出该地市所处区域森林生态系统以及其森林资源结构的特点。

在济南市森林生态系统所提供的诸项服务中，以水源涵养功能的价值量所占比例最高。济南市森林生态系统的水源涵养功能对于维持济南市乃至山东省的用水安全起到了非常重要的作用。济南市泉群众多，分布着久负盛名的趵突泉、黑虎泉、五龙潭、珍珠泉四大泉群，密布着大大小小100多处天然甘泉。除此之外，境内河流主要有黄河、小清河两大水系，为其下游城镇提供了生产和生活必需的水资源。目前，济南市共有大型水库1座，中型水库9座，济南市近年来在大型水库上游大力实施水源涵养林人工造林，使得济南市森林的涵养水源价值量较为显著。

固碳释氧功能价值量占全市森林生态服务功能总价值量的比例接近1/4，主要因为济南市森林资源中幼龄林面积较大，占全市森林面积的90.45%。中幼龄林处于快速成长期，在适宜的生长条件下，相对于成熟林或过熟林，具有更长的固碳期，累积的固碳量会更多（国家林业局，2015）。不同起源固碳释氧单位面积生态效益价值量中，人工林高于天然林，这主要是由于人工林在人为的培育和栽培下，在适宜生长环境下的林分净生产力高于天然林（董秀凯等，2014）。济南市人工林面积占全市森林总面积的99.90%。有研究表明，当降雨量在400～3200毫米范围内时，降雨与植被碳储量之间呈正相关，但当降雨超过3200毫米时，降水与植被碳储量之间呈负相关（Brown and Lugo，1984）。济南市多年平均降水量为647.90毫米，且面积较大的优势树种（组）林分净生产力普遍较高，则济南市森林生态系统固碳释氧功能较强。

济南市是我国北方省份的省会城市中非常少见的融合山、泉、湖、河、城与森林的国家森林城市。近5年来，济南市新建和晋升市级以上森林公园23处，湿地公园17处，各项指标均达到或超过国家森林城市标准。济南市北依母亲河黄河，南靠泰山天然生态屏障，城中是碧波荡漾闻名遐迩的大明湖，还有趵突泉、黑虎泉、百脉泉等大小"七十二名泉"摇曳生姿。因此，其森林游憩功能较为突出。

第二节　济南市各县/市辖区森林生态系统服务功能价值量评估结果

一、济南市各县/市辖区森林生态系统服务功能价值量结果分析

济南市各县/市辖区的森林生态系统服务价值量的空间分布格局如表4-2及图4-2至图4-9所示。

表4-2　济南市各县/市辖区森林生态系统服务价值量评估结果

单位：×10⁸元/年，%

区/县	涵养水源	保育土壤	固碳释氧	林木积累营养物质	净化大气环境			森林防护	生物多样性保护	森林游憩	合计	比例
					功能合计	滞纳PM₁₀	滞纳PM₂.₅					
历下区	0.70	0.04	0.43	0.02	0.57	0.01	0.39	0.01	0.35	0.12	2.24	0.85
市中区	2.64	0.17	1.77	0.09	1.88	0.03	1.30	0.40	1.22	0.42	8.59	3.25
槐荫区	0.11	0.01	0.19	0.01	0.05	0.00	0.04	<0.01	0.09	0.02	0.49	0.18
天桥区	0.73	0.08	1.34	0.09	0.24	0.00	0.17	0.04	0.42	0.13	3.08	1.16
历城区	25.58	4.85	13.36	0.77	11.00	0.20	7.54	<0.01	9.13	3.56	68.26	25.82
长清区	21.67	3.59	12.09	0.71	7.85	0.14	5.39	<0.01	6.97	2.50	55.36	20.94
章丘市	14.88	3.58	17.52	1.13	5.75	0.10	4.02	0.09	5.77	2.05	50.76	19.19
平阴县	8.58	2.23	7.15	0.42	4.10	0.07	2.82	<0.01	4.77	1.23	28.48	10.77
济阳县	7.11	1.71	4.53	0.29	1.21	0.02	0.76	<0.01	4.19	0.86	19.90	7.53
商河县	8.68	3.38	6.63	0.42	1.56	0.02	1.00	0.07	5.40	1.11	27.25	10.31
合计	90.68	19.64	65.01	3.95	34.21	0.59	23.43	0.61	38.31	12.00	264.41	100.00

1. 涵养水源

涵养水源功能价值量最高的3个县/市辖区为历城区、长清区和章丘市，分别为25.58亿、21.67亿和14.88亿元/年，占全市涵养水源总价值量的68.52%；最低的3个县/市辖区为天桥区、历下区和槐荫区，分别为0.73亿、0.70亿和0.11亿元/年，仅占全市涵养水源总价值量的1.70%（图4-2）。

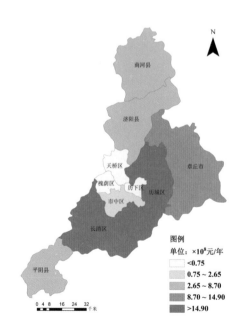

图4-2　济南市各县/市辖区森林涵养水源功能价值空间分布

通过统计数据可以看出，历城区、长清区和章丘市森林生态系统涵养水源价值相当于该 3 个县/市辖区 GDP 的 3.37%，由此可知，历城区、长清区和章丘市森林生态系统涵养水源功能对于济南市的重要性。一般而言，建设水利设施用以拦截水流、增加贮备是人们采用最多的工程方法，但是建设水利等基础设施存在许多缺点，例如：占用大量的土地，改变了其土地利用方式；水利等基础设施存在使用年限等。所以，森林生态系统就像一个"绿色、安全、永久"的水利设施，只要不遭到破坏，其涵养水源功能是持续增长的，同时还能带来其他方面的生态功能，例如：防止水土流失、吸收二氧化碳、生物多样性保护等。2015 年，山东省水生产与供应业固定资产投资额为 222.45 亿元（山东统计年鉴，2016），济南市森林生态系统涵养水源功能价值量占该部分投资额度的 40.76%，可见济南市森林生态系统在水源涵养方面的贡献显著，充分发挥着森林"绿色水库"功能。

2. 保育土壤

保育土壤功能价值量最高的 3 个县/市辖区为历城区、长清区和章丘市，分别为 4.85 亿、3.59 亿和 3.58 亿元/年，占全市保育土壤总价值量的 61.20%；最低的 3 个县/市辖区为天桥区、历下区和槐荫区，分别为 0.08 亿、0.04 亿和 0.01 亿元/年，仅占全市保育土壤总价值量的 0.66%（图 4-3）。

由统计数据可知，历城区、长清区和章丘市森林生态系统保育土壤价值相当于这 3 个

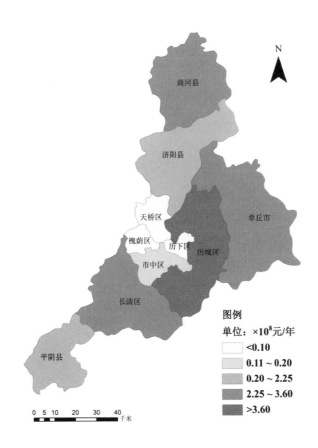

图 4-3　济南市各县/市辖区森林保育土壤功能价值空间分布

市 / 辖区 GDP 的 0.65%，因此，历城区、长清区和章丘市森林生态系统保育土壤功能对于济南市具有一定的重要意义。以上地区属于黄河、小清河和徒骇河流域重要的干支流，区内还分布有济南市大型水库，其森林生态系统的固土作用极大地保障了生态安全以及延长了水库的使用寿命，为本区域社会经济发展提供了重要保障。在地质灾害发生方面，济南市属于地质灾害多发区，每年都有不同类型的地质灾害发生，给人民生命财产和国家经济建设造成重大损失。所以，历城区、长清区和章丘市森林生态系统保育土壤功能对于降低济南市地质灾害而造成的经济损失、保障人民生命财安全，具有非常重要的作用。《山东省水土保持规划（2016～2030 年)》指出，到 2020 年，全省将完成水土流失综合治理面积6300 平方千米、重点预防面积 2500 平方千米，水土流失面积和侵蚀强度有所下降，人为水土流失将得到有效控制；林草植被得到有效保护与恢复；年均减少土壤流失量 1100 万吨，输入江河湖库的泥沙有效减少。济南市森林生态系统保育土壤功能将在未来山东省水土保持规划中起到积极作用。

3. 固碳释氧

固碳释氧功能价值量最高的 3 个县 / 市辖区为章丘市、历城区和长清区，分别为 17.52亿、13.36 亿和 12.09 亿元 / 年，占全市固碳释氧总价值量的 66.10%；最低的 3 个县 / 市辖区为天桥区、历下区和槐荫区，分别为 1.34 亿、0.43 亿和 0.19 亿元 / 年，仅占全市固碳释氧总价值量的 3.01%（图 4-4）。通过统计数据可以看出，章丘市、历城区和长清区森林生

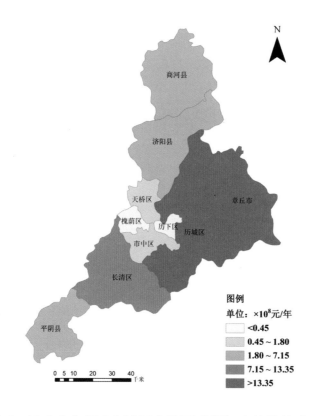

图 4-4　济南市各县 / 市辖区森林固碳释氧功能价值空间分布

态系统固碳释氧价值相当于这 3 个县 / 市辖区 GDP 的 2.33%，由此可见章丘市、历城区和长清区森林生态系统固碳释氧功能对于济南市的重要性。2016 年，山东省筹集 61.98 亿元资金用于实施"工业绿动力"计划，全年共计节约标煤 796 万吨，减排二氧化碳 1900 多万吨（中国新闻网，2017-02-16），而济南市森林生态系统固碳释氧功能价值量为山东省"工业绿动力"计划 2016 年总投资的 1.05 倍，由此可知，济南市森林生态系统作为绿色碳库的积极作用。

4. 林木积累营养物质

林木积累营养物质功能价值量最高的 3 个县 / 市辖区为章丘市、历城区和长清区，分别为 1.13 亿、0.77 亿和 0.71 亿元 / 年，占全市林木积累营养物质总价值量的 66.08%；最低的 3 个县 / 市辖区为天桥区、历下区和槐荫区，分别为 0.09 亿、0.02 亿和 0.01 亿元 / 年，仅占全市林木积累营养物质总价值量的 3.04%（图 4-5）。通过统计数据可以看出，章丘市、历城区和长清区森林生态系统林木积累营养物质价值相当于这 3 个县 / 市辖区 GDP 的 0.14%。由此可知，章丘市、历城区和长清区森林生态系统林木积累营养物质功能对于济南市的重要性。林木在生长过程中不断从周围环境吸收营养物质，固定在植物体中，成为全球生物化学循环不可缺少的环节。林木积累营养物质服务功能首先是维持自身生态系统的养分平衡，其次才是为人类提供生态系统服务。林木积累营养物质功能可以使土壤中部分养分元素暂时的保存在植物体内，在之后的生命循环工程中再归还到土壤中，这样可以暂时降低

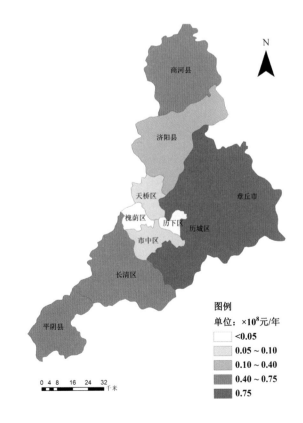

图 4-5 济南市各县 / 市辖区林木积累营养物质功能价值空间分布

因水土流失而带来的养分元素的损失。一旦土壤养分元素损失就会导致土壤贫瘠化，若想再保持土壤原有的肥力水平，就需要通过人为的方式向土壤中输入养分。

5. 净化大气环境

净化大气环境功能价值量最高的 3 个县 / 市辖区为历城区、长清区和章丘市，分别为 11.00 亿、7.85 亿和 5.75 亿元 / 年，占全市净化大气环境总价值量的 71.91%；最低的 3 个县 / 市辖区为天桥区、历下区和槐荫区，分别为 0.57 亿、0.24 亿和 0.05 亿元 / 年，仅占全市净化大气环境总价值量的 2.51%（图 4-6 至图 4-13）。由统计数据可知，历城区、长清区和章丘市森林生态系统净化大气环境功能价值相当于这 3 个县 / 市辖区 GDP 的 1.33%。森林生态系统净化大气环境功能即为林木通过自身的生长过程，吸收空气中的污染物，在体内经过一系列的转化过程，将吸收的污染物降解后排出体外或者储存在体内；另一方面，林木通过林冠层的作用，加速颗粒物的沉降或者吸附滞纳在叶片表面，进而起到净化大气环境的作用，极大地降低了空气污染物对于人体的危害。统计资料显示，2014 年以来，山东省财政筹集资金 16.4 亿元，占全省比重达 64.48%，重点支持济南等 7 城市群的大气污染防治项目建设（山东省发改委，2016）。空气污染较严重的大部分集中在人口较密集、经济活动较强的县 / 市辖区，例如历下区、市中区、槐荫区和天桥区。通过评价结果可以看出，以上区

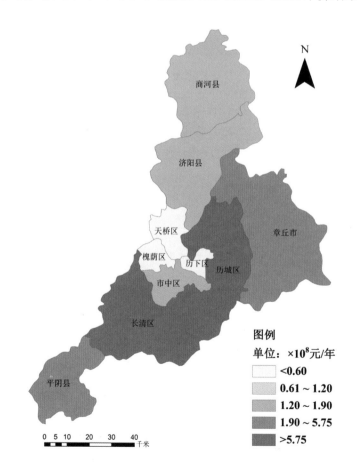

图 4-6 济南市各县 / 市辖区森林净化大气环境功能价值空间分布

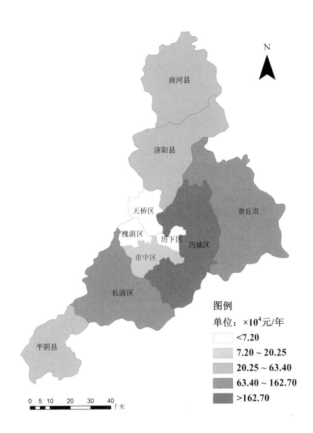

图 4-7　济南市各县 / 市辖区森林提供负离子功能价值量空间分布

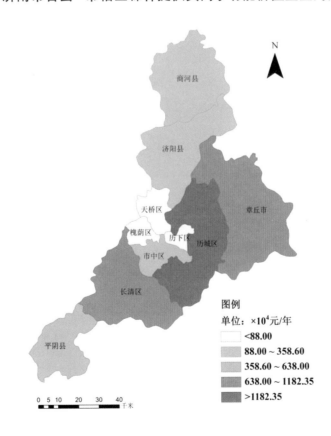

图 4-8　济南市各县 / 市辖区森林吸收二氧化硫价值量空间分布

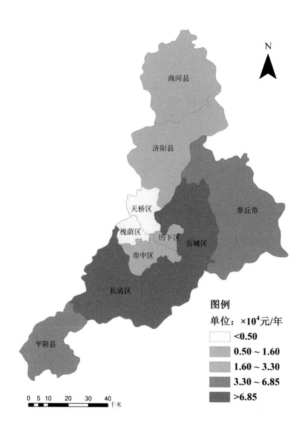

图 4-9　济南市各县/市辖区森林吸收氟化物价值量空间分布

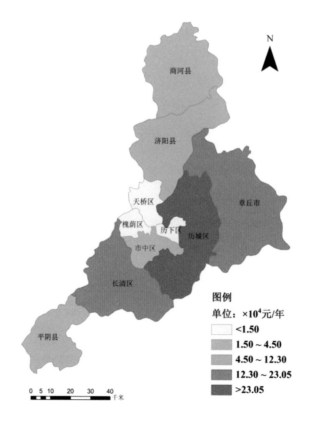

图 4-10　济南市各县/市辖区森林吸收氮氧化物价值量空间分布

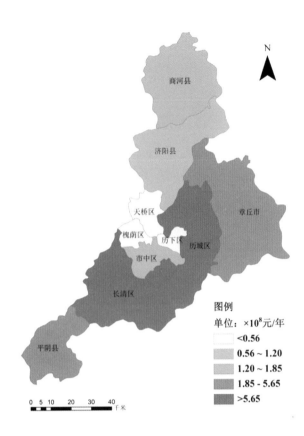

图 4-11　济南市各县 / 市辖区森林滞纳 TSP 价值量空间分布

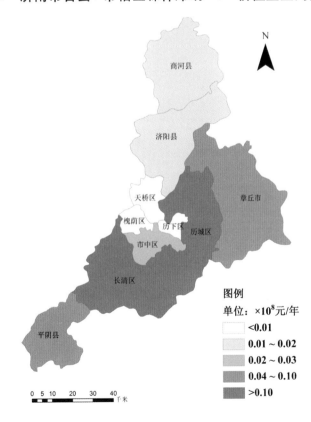

图 4-12　济南市各县 / 市辖区森林滞纳 PM$_{10}$ 功能价值空间分布

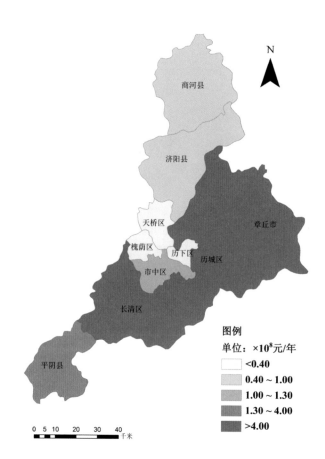

图4-13 济南市各县/市辖区森林滞纳PM$_{2.5}$功能价值空间分布

域森林生态系统净化大气功能价值量较低。因此，这些地区需要加强森林生态系统建设工作，提高抵御突发性污染事件的能力，从而降低经济损失，提高环境质量。

6. 生物多样性保护

生物多样性保护功能价值量最高的3个县/市辖区为历城区、长清区和章丘市，分别为9.13亿、6.97亿和5.77亿元/年，占全市生物多样性保护总价值量的57.09%；最低的3个市辖区为天桥区、历下区和槐荫区，分别为0.42亿、0.35亿和0.09亿元/年，仅占全市生物多样性保护总价值量的2.24%（图4-14）。由统计数据可知，历城区、长清区和章丘市森林生态系统生物多样性保护功能价值相当于这3个市辖区GDP的1.19%。目前，济南市栽培和野生的植物达1350种，分属149科。其中，木本植物350余种（包括21个变种），草本植物1000余种。陆生脊椎动物174种，其中，鸟类14目39科146种；兽类4目7科18种；两栖爬行类3目4科10种。其中国家和省重点保护的野生动物有60种、植物12种（济南市环境保护局）。济南市南部山区属于该市生物多样性较丰富的地区，因其特殊的地理环境而孕育大量的野生动植物，平阴、长清、历城和章丘4个县/市辖区地处济南市南部山区，其生物多样性保育功能价值量占全市约70%。因此，南部山区森林生态系统对生物多样性

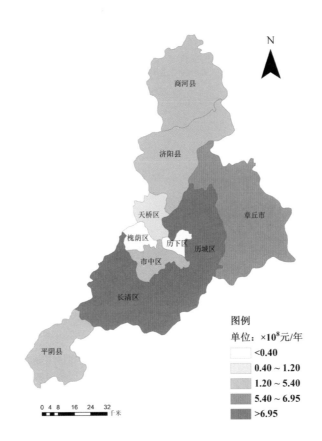

图 4-14 济南市各县 / 市辖区森林生物多样性保护功能价值空间分布

保育起到不可替代的作用，应在现有的森林现状下加强保护。

7. 森林防护

森林防护功能价值量最高的 3 个县 / 市辖区为市中区、章丘市和商河县，占全市森林防护总价值量的 90.32%；历城区、槐荫区和平阴县由于均没有防护林。因此，该 3 个县 / 市辖区没有评估森林防护功能价值量（图 4-15）。经查询统计资料得出，济南市森林生态系统防护功能价值量占全市 GDP 的 0.03%，虽然这一比值严重的低于其他生态功能，但济南市森林生态系统对于农田防护发挥着不可或缺的作用，大大提高了农民收入，为解决"三农"问题提供了坚实的基础。

8. 森林游憩

森林游憩价值量最高的 3 个县 / 市辖区为历城区、长清和章丘市，占全市总量的 67.58%；最低的 3 个县 / 市辖区为天桥区、历下区和槐荫区，仅占全市总量的 2.25%（图 4-16）。济南市南部地区森林生态系统为这一区域的森林游憩提供了高质量的旅游资源，尤其是涵养水源和提供负离子功能的发挥，造就了优美的景观和优良的空气环境，进而吸引了大量的游客。

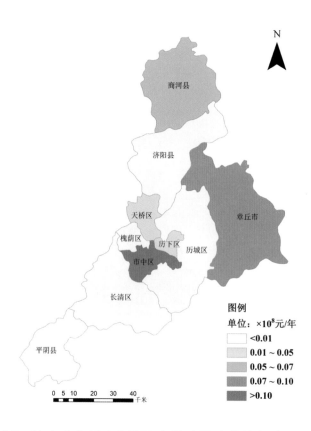

图4-15 济南市各县/市辖区森林防护功能价值空间分布

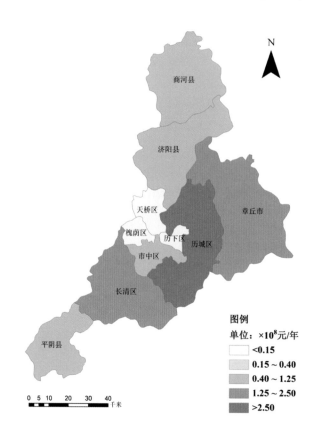

图4-16 济南市各县/市辖区森林游憩功能价值空间分布

二、济南市各县／市辖区森林生态系统服务功能分布格局分析

从表 4-2 和图 4-17 至图 4-18 可以看出，历城区、长清区和章丘市位于济南市森林生态系统服务功能总价值的前三位，占全市总价值的 65.95%；而天桥区、历下区和槐荫区位于济南市森林生态服务功能总价值的后三位，仅占全市总价值的 2.20%。

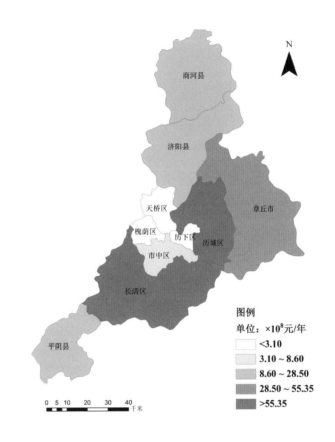

图 4-17 济南市各县／市辖区森林生态服务功能总价值空间分布

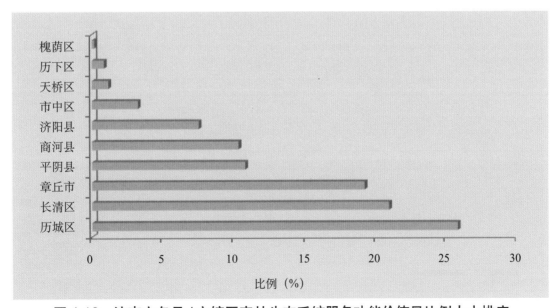

图 4-18 济南市各县／市辖区森林生态系统服务功能价值量比例大小排序

据《2015 年山东省国民经济和社会发展统计公报》显示：济南市生态环境继续改善。细颗粒物（PM$_{2.5}$）、可吸入颗粒物（PM$_{10}$）、二氧化硫和二氧化氮平均浓度分别比上年下降 7.3%、7.7%、23.7% 和 10.9%。省控重点河流化学需氧量（COD）平均浓度下降 2.4%，氨氮平均浓度下降 5.8%。济南市环境状况的不断改善与其近年来的城镇绿化提升工程、南部山区造林工程、北部平原风沙治理工程等林业生态工程密切相关。根据各区域森林分布格局的不同，实施相对应的林业生态工程，达到了因地制宜的效果。

各县 / 市辖区的每项功能以及总的森林生态系统服务功能的分布格局，与济南市各县 / 市辖区森林资源自身的属性和所处地理位置有直接的关系。济南市森林经过长期开发和利用，林木资源发生了显著的变化。济南市南部地区树种繁多、资源丰富、林地生产力较高。而这些丰富的森林资源由于构成、所处地区等不同，发挥了不同的生态效益（图 4-19）。

济南市森林生态系统服务功能在各县 / 市辖区的分布格局存在一定的特征：

第一，与其各县 / 市辖区的森林面积有关。各县 / 市辖区间森林生态系统服务功能的大小排序与森林面积大小排序大体一致，呈紧密的正相关关系。

第二，与其各县 / 市辖区的土地利用类型有关（图 4-20）。南部山区和东部丘陵以森林为主，占全市森林总面积的约 70%，集中分布在平阴县、章丘市、历城区和长清区，同时该区还是全市水源涵养林的主要分布区。因此，森林生态系统服务功能较强。中部地区属

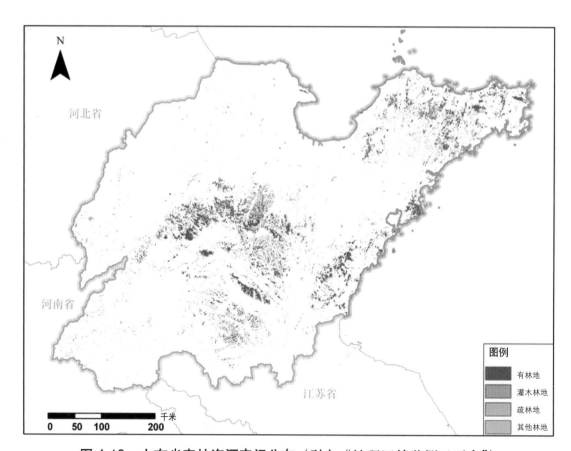

图 4-19　山东省森林资源空间分布（引自"地理国情监测云平台"）

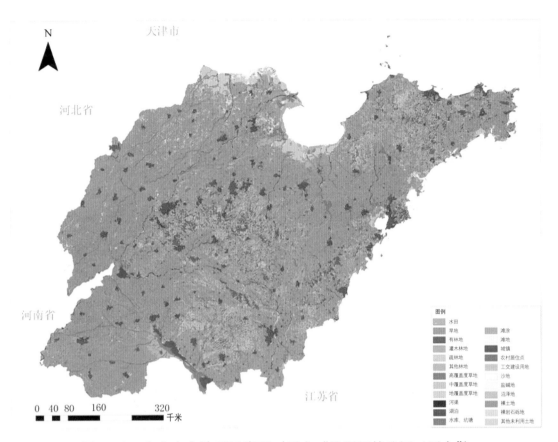

图 4-20　山东省土地利用类型（引自"地理国情监测云平台"）

于城市的繁华地带，人口密集，社会经济活动频繁，森林分布较少，主要指市中区、天桥区、历下区和槐荫区，因此森林生态服务功能弱。北部济阳县和商河县，有黄河流经，水土保持林和经济林分布较多，因此，也显示出了一定的森林生态服务功能。

第三，济南市各县/市辖区森林生态系统服务功能价值量分布格局与其生态建设政策息息相关。济南市"五城联创"生态城市建设是实现"生态济南，绿满泉城"的生态目标，大力开展植树造林和城市增绿工程，最终建成"水清、天蓝、树绿、气爽"的生态城市。未来，济南市森林生态系统服务功能将得到大幅的提升，济南市的生态环境也将得到进一步的改善。

第四，与人为干扰有关。济南市中部地区为市中心所在地，人口密度大，长期受人类活动干扰，植被覆盖率少，进而导致其森林生态服务功能较低；在南部山区和东部丘陵地区，由于人口密度相对较小，且实施自然保护区和森林公园建设，对森林干扰较小，利于森林生态系统服务功能的提升。因此，人类活动的干扰同样也是影响森林生态系统服务功能空间变异的重要因素。

第三节　济南市不同优势树种（组）生态系统服务功能价值量评估结果

济南市不同优势树种（组）生态系统服务价值量及所占比例详见表4-3及图4-21至图4-28，济南市不同林分类型生态系统服务各分项价值量及排序见图4-18。其中，黑杨类生态系统服务总价值量最高，为91.50亿元/年，占所有优势树种（组）生态系统服务价值总量的36.34%；柏类生态系统服务总价值量其次，为72.46亿元/年，占所有优势树种（组）生态系统服务价值总量的28.78%；落叶松和竹林价值量均较低，比例不到0.01%。

表4-3　济南市不同优势树种（组）生态系统服务价值量评估结果

单位：×10⁸元/年，%

| 优势树种（组） | 涵养水源 | 保育土壤 | 固碳释氧 | 林木积累营养物质 | 净化大气环境 | | | 生物多样性保护 | 合计 | 比例 |
					功能合计	滞纳PM₁₀	滞纳PM₂.₅			
柏类	24.93	6.37	8.28	0.37	19.50	0.33	13.38	13.01	72.46	28.78
落叶松	<0.01	<0.01	<0.01	<0.01	<0.01	<0.01	<0.01	<0.01	<0.01	<0.01
松类	2.26	0.73	1.10	0.07	2.32	0.05	1.77	1.67	8.15	3.24
栎类	0.57	0.17	0.18	0.02	0.10	<0.01	0.05	0.70	1.73	0.68
刺槐	5.00	1.31	2.62	0.15	1.27	0.03	0.98	2.71	13.06	5.19
白杨类	0.69	0.14	1.23	0.08	0.12	<0.01	0.08	0.20	2.46	0.97
黑杨类	25.98	7.41	38.31	2.43	4.82	0.08	3.18	12.54	91.49	36.34
泡桐	0.01	<0.01	0.01	<0.01	0.01	<0.01	0.01	0.01	0.05	0.02
其他	0.87	0.52	4.69	0.42	0.87	0.02	0.7	1.61	8.98	3.57
经济林	26.21	1.35	6.61	0.32	4.23	0.06	2.55	5.15	43.87	17.42
灌木林	4.16	1.64	1.98	0.09	0.97	0.02	0.73	0.71	9.55	3.79
竹林	<0.01	<0.01	<0.01	<0.01	<0.01	<0.01	<0.01	<0.01	<0.01	<0.01
合计	90.68	19.64	65.01	3.95	34.21	0.59	23.43	38.31	251.80	100.00

一、涵养水源

涵养水源功能价值量最高的3种优势树种（组）为经济林、黑杨类和柏类，分别为26.21亿、25.98亿和24.93亿元/年，占全市涵养水源总价值量的85.05%；最低的3种优势树种（组）为泡桐、竹林和落叶松，分别为0.01亿、0.001亿和0.0003亿元/年，仅占全市涵养水源总价值量的0.01%（图4-21）。统计资料显示：2014年济南市地方水利建设基金支出为8.20亿元，经济林、黑杨类和柏类的涵养水源价值量相当于水利建设基金支出的9.40倍，由此可以看出，济南市森林生态系统涵养水源功能的重要性。因为，水利设施的建设需要占据一定面积的土地，往往会改变土地利用类型，无论是占据的哪一类土地类型，均对社会造成不同程度的影响。另外，建设的水利设施还存在使用年限和一定危险性。随着

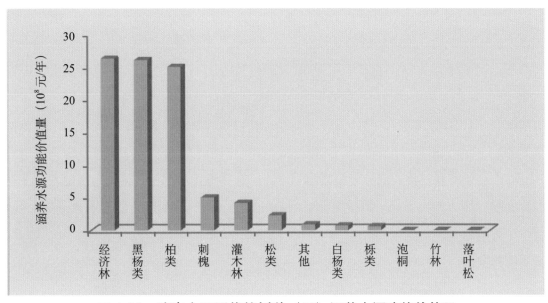

图 4-21　济南市不同优势树种（组）涵养水源功能价值量

使用年限的延伸，水利设施内会淤积大量的淤泥，降低了其使用寿命，并且还存在崩塌的危险，对人民群众的生产、生活造成潜在的威胁。所以，利用和提高森林生态系统涵养水源功能，可以减少相应的水利设施的建设，将以上危险性降到最低。

二、保育土壤

保育土壤功能价值量最高的 3 种优势树种（组）为黑杨类、柏类和灌木林，占全市保育土壤总价值量的 78.50%；最低的 3 种优势树种（组）为泡桐、竹林和落叶松，仅占全市保育土壤总价值量的 0.01%（图 4-22）。保育土壤功能价值量较高的几个优势树种（组）

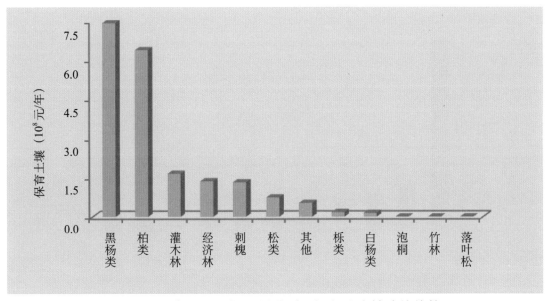

图 4-22　济南市不同优势树种（组）保育土壤功能价值量

75% 以上的资源面积分布在济南市的南部地区，而这一区域恰恰是济南市水土流失和地质灾害多发的重点地区。据统计资料显示：济南市地质灾害点共 100 多个，南部山区有 70 多个，南部山区的地质灾害主要有岩石崩塌、滑坡、塌陷、泥石流等，整个南部山区需修复山体 40 处，每个破损山体的治理费用最少在 200 万左右，有的甚至高达上千万，要实现南部山区破损山体的全修复，需要巨额资金（济南时报，2015-09-07）。众所周知，森林生态系统能够在一定程度上防止地质灾害的发生，这种作用就是通过其保持水土的功能来实现的。济南市黑杨类和柏类大部分分布在南部地区，这 2 种优势树种（组）有效地发挥了防止水土流失的功能，大大降低了地质灾害发生的可能性。另一方面，在防止水土流失的同时，还减少了随着径流进入到湿地中的养分含量，降低了水体富养化程度，保障了该区内湿地生态系统的安全。

三、固碳释氧

固碳释氧功能价值量最高的 3 种优势树种（组）为黑杨类、柏类和经济林，占全市固碳释氧总价值量的 81.84%；最低的 3 种优势树种（组）为泡桐、竹林和落叶松，仅占全市固碳释氧总价值量的 0.02%（图 4-23）。评估结果显示，黑杨类、柏类和经济林固碳量达到 62.30 万吨／年，若是通过工业减排的方式来减少等量的碳排放量，所投入的费用高达 223.66 万元，约占济南市 GDP 的 3.88%。由此可以看出森林生态系统固碳释氧功能的重要作用。《山东省 2014-2015 年节能减排低碳发展行动实施方案》作出要求，积极实施重点工程，围绕钢铁、建材、有色、纺织等重点行业，实施一批节能改造项目，形成节能能力 500 万吨标准煤。推广低温余热利用、高效节能变压器等节能技术装备，形成节能能力 100 万吨标准煤。济南市森林生态系统固碳功能在推进山东省节能减排低碳发展中作出了应有的贡献。

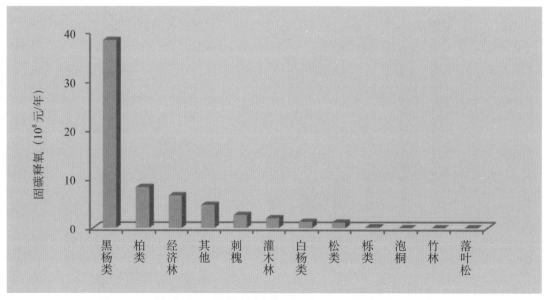

图 4-23 济南市不同优势树种（组）固碳释氧功能价值量

四、积累营养物质

积累营养物质功能价值量最高的 3 种优势树种（组）为黑杨类、其他软阔类和柏类，占全市积累营养物质总价值量的 81.71%；最低的 3 种优势树种(组)为泡桐、竹林和落叶松，仅占全市积累营养物质总价值量的 0.02%（图 4-24）。森林生态系统通过林木积累营养物质功能，可以将土壤中的部分养分暂时的储存在林木体内。在其生命周期内，通过枯枝落叶和根系周转的方式再归还到土壤中，这样能够降低因为水土流失而造成的土壤养分的损失量。黑杨类、其他软阔类和柏类大部分分布在济南市中南部地区，其林木积累营养物质功能可以防止土壤养分元素的流失，保持济南市森林生态系统的稳定；另外，其林木积累营养物质功能可以减少农田土壤养分流失而造成的土壤贫瘠化，一定程度上降低了农田肥力衰退的风险。

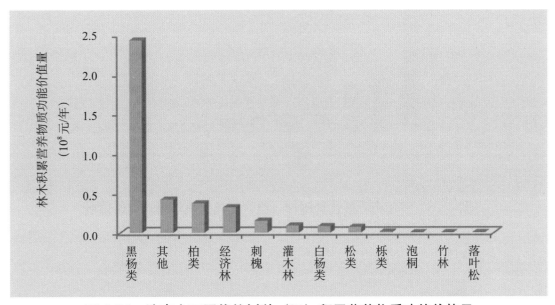

图 4-24　济南市不同优势树种（组）积累营养物质功能价值量

五、净化大气环境

净化大气环境功能价值量最高的 3 种优势树种（组）为柏类、黑杨类和经济林，占全市净化大气环境总价值量的 83.48%；最低的 3 种优势树种（组）为泡桐、竹林和落叶松，仅占全市净化大气环境总价值量的 0.03%（图 4-25 至图 4-32）。森林生态系统净化大气环境功能即为林木通过自身的生长过程，从空气中吸收污染气体，在体内经过一系列的转化过程，将吸收的污染气体降解后排出体外或者储存在体内；另一方面，林木通过林冠层的作用，加速颗粒物的沉降或者吸附滞纳在叶片表面，进而起到净化大气环境的作用，极大地降低了空气污染物对人体的危害。2014 年济南市节能环保支出 14.74 亿元，柏类、黑杨类和经济林的净化大气环境价值相当于全市节能环保支出的 1.94 倍。相关研究显示，2013 年 1 月，济南市雾霾事件期间，某儿童专科医院呼吸系统疾病就诊量平均为 296 人次 / 天，这一数据表明空气污染对居民生命健康的危害极大。2015 年，济南市二氧化硫排放量为 9.97 万吨，氮氧化物排放量为 9.16 万吨，烟（粉）尘排放量为 10.86 万吨（2016 山东统计年鉴）。所以，济南市应该充分发挥森林生态系统净化大气环境功能，进而降低因为突发性环境污染事件而造成的经济损失。

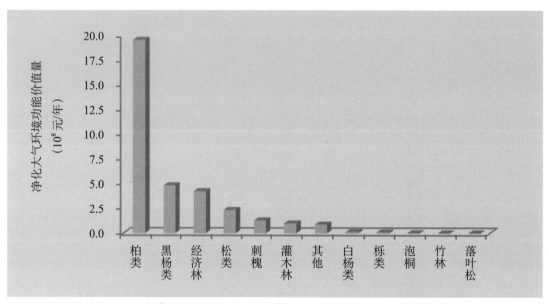

图 4-25　济南市不同优势树种（组）净化大气环境功能价值量

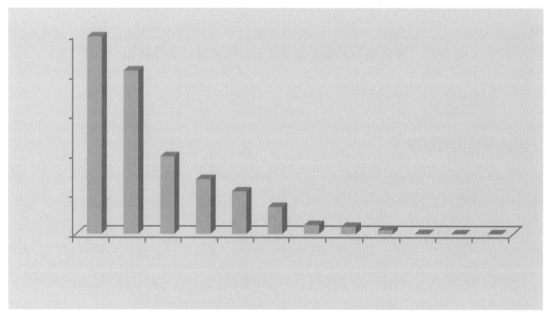

图 4-26　济南市不同优势树种（组）提供负离子价值量

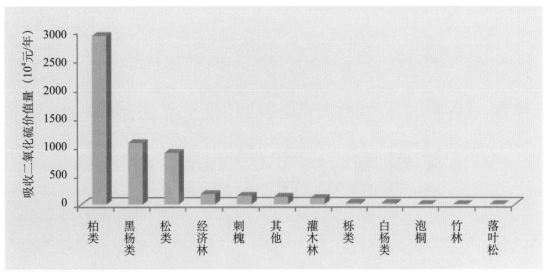

图 4-27　济南市不同优势树种（组）吸收二氧化硫价值量

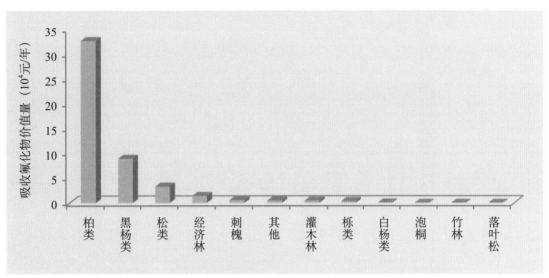

图 4-28　济南市不同优势树种（组）吸收氟化物价值量

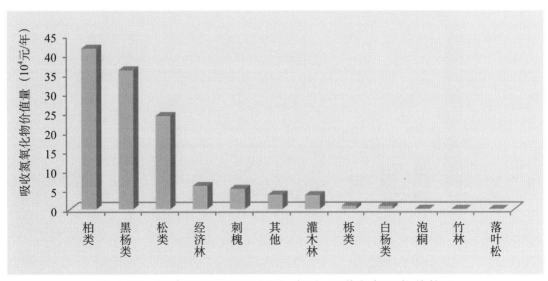

图 4-29　济南市不同优势树种（组）吸收氮氧化物价值量

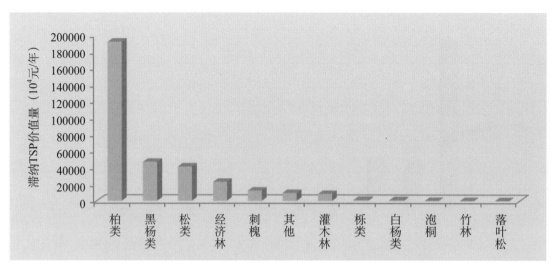

图 4-30　济南市不同优势树种（组）滞纳 TSP 价值量

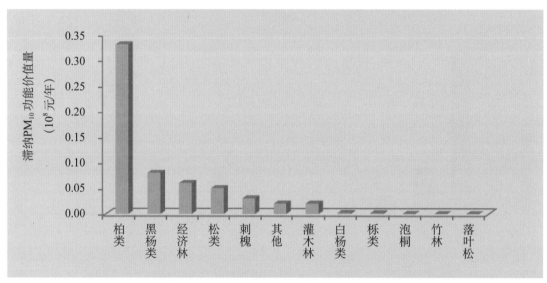

图 4-31　济南市不同优势树种（组）滞纳 PM₁₀ 功能价值量

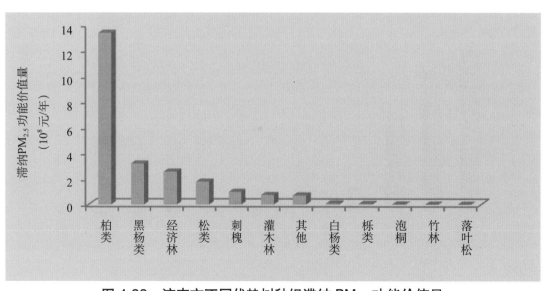

图 4-32　济南市不同优势树种组滞纳 PM₂.₅ 功能价值量

六、生物多样性保护

生物多样性保护功能价值量最高的 3 种优势树种（组）为柏类、黑杨类和经济林，占全市生物多样性保护总价值量的 80.11%；最低的 3 种优势树种（组）为泡桐、竹林和落叶松，仅占全市生物多样性保护总价值量的 0.03%（图 4-33）。柏类、经济林和黑杨类，大部分分布于南部山区，该区域是济南市生物多样性保护的重点地区，建立了许多森林公园和自然保护区，为生物多样性保护工作提供了坚实的基础。同时，正因为生物多样性较为丰富，给这一区域带来了高质量的森林资源，极大地提高了当地群众的收入水平。

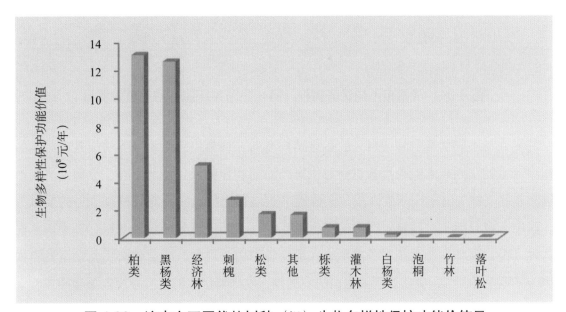

图 4-33 济南市不同优势树种（组）生物多样性保护功能价值量

七、总价值量

济南市不同优势树种（组）生态系统服务总价值量介于 0.001 亿 ~91.49 亿元 / 年之间，其大小顺序为黑杨类 > 柏类 > 经济林 > 刺槐 > 灌木林 > 其他软阔类 > 松类 > 白杨类 > 栎类 > 泡桐 > 竹林 > 落叶松，其顺序与各优势树种组面积的大小顺序大致相同，说明各优势树种组总价值量与面积呈正相关性。各优势树种组位于前三位的总价值量分别为 91.49 亿、72.46 亿和 43.87 亿元 / 年，其占全市总价值量的 82.55%；位于后三位总价值分别为 0.05 亿、0.003 亿和 0.001 亿元 / 年，其仅占全市总价值量的 0.02%（图 4-34）。

由以上评估结果可以看出，济南市森林生态系统服务功能在不同优势树种（组）间的分布格局呈现一定的特征。

首先，这是由其面积决定的。不同优势树种的面积大小排序与其生态系统服务功能大小排序呈现较高的正相关性，如，黑杨类和柏木的面积占全市森林总面积的 57.49%，其生态系统服务功能价值量占全市总价值量的 65.12%；泡桐和落叶松面积占全市森林总面积的 0.02%，其生态系统服务功能价值量占全市总价值量的 0.02%。

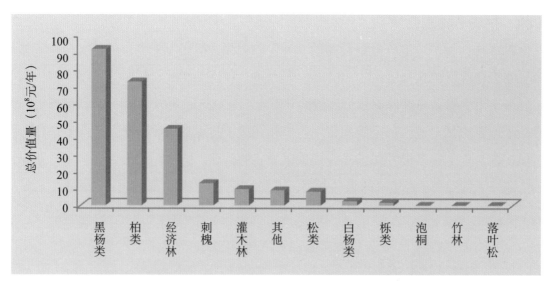

图4-34　济南市不同优势树种（组）生态系统服务功能总价值量

其次，与不同优势树种（组）的龄级结构有关。森林生态系统服务功能是在林木生长过程中产生的，则林木的高生长也会对生态产品的产能带来正面的影响。影响森林生产力的因素包括：林分因子、气候因子、土壤因子和地形因子，它们对森林生产力的贡献率不同。其中，林分因子对森林生产力的变化影响最大，其中林分年龄最明显。济南市不同优势树种（组）森林生态系统服务功能中，黑杨类和柏类最大，中龄林面积分别占各自面积的39.46%和47.35%，由此表明大面积的中龄林，发挥着巨大的生态系统服务功能。

再者，与不同优势树种（组）分布区域有关。济南市森林生态系统服务功能价值量最大的黑杨类和柏类，其森林资源的41.75%和87.49%处于历城区、长清区、章丘市和平阴县，此比重均高于其他优势树种（组）。由于地理位置的特殊性，使得不同优势树种组间的森林生态系统服务功能分布格局产生了异质性。

第五章
济南市湿地生态系统
服务功能价值量评估

第一节　济南市湿地生态系统服务功能价值量评估方法

　　湿地生态系统服务功能是指湿地生态系统与生态过程所形成和维持的人类赖以生存的自然环境条件与效用。自 20 世纪 70 年代以来，生态系统服务功能开始受到关注。20 世纪 90 年代以来，由于环境问题的日益突出和湿地给人们带来的众多效益，人们对生态系统服务功能的研究更加重视。关于湿地生态系统服务功能价值的量化，国际上目前尚未形成统一、规

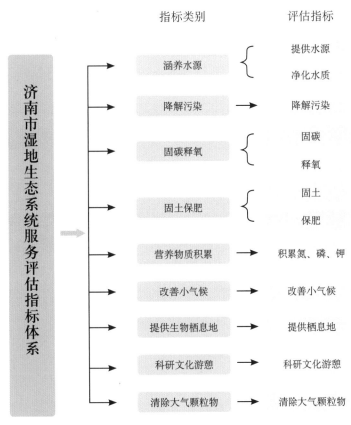

图 5-1　济南市湿地生态系统服务评估指标体系

范、完善的评估标准，现在使用的评估方法都源于生态经济学、环境经济学和资源经济学。

济南市湿地生态系统服务评估将在前人研究的基础上，分别运用不同的方法对济南市湿地生态系统涵养水源、降解污染、固碳释氧等9项生态服务及其价值进行量化评估（图5-1）。将湿地生态系统的产品和生命支持功能转化为人们具有明显感知力的货币值，使人们定量地了解湿地生态系统服务功能的价值，提高对湿地生态系统服务功能的认知程度和保护湿地的意识，为湿地生态资源的合理定价、有效补偿提供科学依据。

一、涵养水源

湿地生态系统具有强大的蓄水和补水功能，即在洪水期可以蓄积大量的洪水，以缓解洪峰造成的危害，同时储备大量的水资源为干旱季节提供生产、生活用水。另外，湿地生态系统还具有净化水质的作用。由此，本次评估将从提供水源和净化水质两方面对济南市湿地的涵养水源功能进行评估。

其计算公式为：

$$U_涵 = C_水 \cdot P \cdot t + R_水 \cdot K \cdot t \tag{5-1}$$

式中：$U_涵$——湿地生态系统涵养水源价值（元/年）；

$C_水$——湿地生态系统水资源总量（立方米）；

P——生活用水价格（元/立方米，附表4）；

$R_水$——评估区域多年平均地表径流量（立方米）；

K——水净化费用（元/立方米，附表5）；

t——贴现率。

二、降解污染

湿地被誉为"地球之肾"，具有降解和去除环境污染的作用，尤其是对氮、磷等营养元素以及重金属元素的吸收、转化和滞留具有较高的效率，能有效降低其在水体中的浓度；湿地还可通过减缓水流，促进颗粒物沉降，从而将其上附着的有毒物质从水体中去除。如果进入湿地的污染物没有使水体整体功能退化，即可以认为湿地起到净化的功能。根据Costanza等人对全球湿地降解污染的研究成果，湿地降解污染的平均价值是4177美元/（公顷·年）。

其计算公式：

$$U_降 = C_降 \cdot A \cdot R \cdot t \tag{5-2}$$

式中：$U_降$——湿地生态系统降解污染价值（元/年）；

$C_{降}$——单位面积湿地降解污染的价值［美元／（公顷·年）］；

A——评估区域湿地面积（公顷）；

R——美元与人民币之间的汇率；

t——贴现率。

三、固碳释氧

本研究将采用张华（2008）在研究中的方法：湿地对于大气调节的正效应主要是指通过大面积挺水植物芦苇以及其他水生植物的光合作用固定大气中的二氧化碳，向大气释放氧气。根据光合作用方程式，生态系统每生产 1.00 千克植物干物质，即能固定 1.63 千克 二氧化碳，能释放 1.20 千克 氧气。湿地内主要植被类型为水生或湿生植物，且分布广泛，主要为芦苇等挺水植物和金鱼藻、黑藻、竹叶眼子菜等沉水植物。这些均为一年生植物，生长期结束后，会沉入水底，进而转化为泥炭。

其计算公式为：

$$U_{固} = 1.63 \cdot R_{碳} \cdot (L + Q) \cdot C_{碳} \cdot t + 1.2 \cdot (L + Q) \cdot C_{氧} \cdot t \tag{5-3}$$

式中：$U_{固}$——湿地生态系统固碳释氧价值（元／年）；

L——芦苇产量（吨／年）；

Q——其他水生植物产量（吨／年）；

$R_{碳}$——CO_2 中碳的含量（%）；

$C_{碳}$——固碳价格（元／吨，附表4）；

$C_{氧}$——氧气价格（元／吨，附表4）；

t——贴现率。

四、固土保肥

不同类型土壤下的有植被和无植被的土壤侵蚀量大不相同，根据中国土壤侵蚀的研究成果，无植被的土壤中等程度的侵蚀深度为 15~35 毫米／年。对于湿地减少土壤侵蚀的总量估算，采用草地的中等侵蚀深度的平均值来代替。湿地减少土壤养分流失的养分是指易溶解在水中或容易在外力作用下与土壤分离的 N、P、K 等养分，本研究采用的为湿地固定土壤中所含有的 N、P、K 等养分的量，再折算成化肥价格的方法来计算。

其计算公式为：

$$U_{土} = A \cdot d \cdot \rho \cdot t \, (V_{土} + N \cdot C_1 / R_1 + P \cdot C_1 / R_2 + K \cdot C_2 / R_3) \tag{5-4}$$

式中：$U_{土}$——湿地生态系统固土保肥价值（元／年）；

N——土壤平均 N 含量（%）；

P——土壤平均 P 含量（%）；

K——土壤平均 K 含量（%）；

ρ——土壤平均容重（克 / 立方厘米）；

C_1——磷酸二铵化肥价格（元 / 吨，附表 4）；

C_2——氯化钾化肥价格（元 /，附表 4）；

R_1——磷酸二铵化肥含氮量（%）；

R_2——磷酸二铵化肥含磷量（%）；

R_3——氯化钾化肥含钾量（%）；

$V_\pm$——挖取和运输单位体积土方所需费用（元 / 立方米，附表 4）；

A——评估区域湿地面积（公顷）；

d——湿地土壤平均侵蚀深度（米）；

t——贴现率。

五、营养物质积累

湿地生态系统中，养分主要储存在土壤中，可以说土壤是其最大的养分库。地质大循环中，生态系统中的养分不断向下淋溶损失，而生物小循环则从地质循环中保存累积一系列的生物所必需的营养元素，随着生物的生长繁荣和生物量的不断累计，土壤母质中大量营养元素被释放出来，成为有效成分，供生物生长需要。因此，生物是形成土壤和土壤肥力的主导因素。当植物的一个生命周期完成时，大量的养分在植物体变黄、凋落之前被转移到植物体的其他部位，还有一些则通过枯枝落叶等凋落物而返回土壤中。

其计算公式为：

$$U_{积累} = A \cdot (N \cdot C_1 / R_1 + P \cdot C_1 / R_2 + K \cdot C_2 / R_3) \cdot t / 1000 \qquad (5\text{-}5)$$

式中：$U_{积累}$——湿地生态系统营养物质积累价值（元 / 年）；

N——湿地生态系统土壤平均 N 含量（千克 / 公顷）；

P——湿地生态系统土壤平均 P 含量（千克 / 公顷）；

K——湿地生态系统土壤平均 K 含量（千克 / 公顷）；

C_1——磷酸二铵化肥价格（元 / 吨，附表 4）；

C_2——氯化钾化肥价格（元 / 吨，附表 4）；

R_1——磷酸二铵化肥含氮量（%）；

R_2——磷酸二铵化肥含磷量（%）；

R_3——氯化钾化肥含钾量（%）；

A—评估区域湿地面积（公顷）；

t—贴现率。

六、改善小气候

湿地可以影响小气候。湿地水分通过蒸发成为水蒸汽，然后又以降水的形式降到周围地区，保持当地的湿度和降雨量，影响着当地人民的生活和工农业生产。本研究采用替代花费法，把湿地调节温度的价值作为湿地调节气候的价值，根据测定，1 公顷湿地植被在夏季可以从环境中吸收 81.8 兆焦耳的热量，相当于 189 台 1 千瓦的空调器全天工作的制冷效果。

其计算公式为：

$$U_{改善} = A \cdot P_{电} \cdot t \times 189 \times 24 \tag{5-6}$$

式中：$U_{改善}$——湿地生态系统改善小气候价值（元/年）；

$\quad P_{电}$——居民用电价格（元/千瓦时）；

$\quad A$——评估区域湿地面积（公顷）；

$\quad t$——贴现率。

七、生物栖息地

湿地是复合生态系统，大面积的芦苇沼泽、滩涂、河流和湖泊为野生动、植物的生存提供了良好的栖息地。湿地景观的高度异质性为众多野生动植物栖息、繁衍提供了基地，因而在保护生物多样性方面有极其重要的价值。生物栖息地功能的估算，采用美国经济生态学家 Costanza 研究得到的单位面积湿地的栖息地功能价值为 191 美元/公顷。

其计算公式为：

$$U_{生} = S_{生} \cdot t \cdot A \cdot R \tag{5-7}$$

式中：$U_{生}$——湿地生态系统生物栖息地价值（元/年）；

$\quad S_{生}$——单位面积湿地的栖息地价值[美元/（公顷·年）]；

$\quad R$——美元与人民币之间的汇率；

$\quad A$——评估区域湿地面积（公顷）；

$\quad t$——贴现率。

八、科研文化游憩

湿地为生态学、生物学、地理学、水文学、气候学以及湿地研究和鸟类研究的自然本底和基地，为诸多基础科研提供了理想的科学实验场所。同时，湿地自然景色优美，而且是大量鸟类和水生动植物的栖息繁殖地，因此还会吸引大量的游客前去观光旅游。参照 Costanza 等人对全球湿地的研究成果，全球湿地的科研文化游憩价值为 881 [美元 /（公顷·年)]。

其计算公式为：

$$U_{游憩} = P_{游憩} \cdot t \cdot A \cdot R \tag{5-8}$$

式中：$U_{游憩}$——湿地生态系统科研文化游憩价值（元 / 年）；

$P_{游憩}$——单位面积湿地科研文化游憩价值 [美元 /（公顷·年)]；

R——美元与人民币之间的汇率；

A——评估区域湿地面积（公顷）；

t——贴现率。

九、清除大气颗粒物

大气颗粒物可以通过湍流输送和重力作用沉降下来。大气颗粒物沉降包括干沉降和湿沉降，湿沉降仅在特定降水条件下发生，而干沉降是在没有降水条件下发生，具有更广阔的地域性和持久性。济南市的干沉降作用对于该区域的大气颗粒物沉降具有重要的贡献，而湿地具有良好的干沉降接纳或转化固定能力，在清除大气颗粒物方面发挥着重要的生态系统服务功能。

湿地生态系统清除大气颗粒物计算公式为：

$$U_{除尘} = C_{除尘} \cdot t \cdot A \cdot V_{尘降} \tag{5-9}$$

式中：$U_{除尘}$——湿地生态系统清除大气颗粒物价值（元 / 年）；

$C_{除尘}$——除尘费用（元 / 吨，附表4)；

A——评估区域湿地面积（公顷）；

$V_{除尘}$——评估区域单位面积年平均沉降量（吨 / 公顷）；

t——贴现率。

十、湿地生态系统服务总价值评估

济南市湿地生态系统服务总价值为上述 9 项生态系统价值之和。

其计算公式为：

$$U_I = \sum_{i=1}^{9} U_i \tag{5-10}$$

式中：U_t——济南市湿地生态系统服务年总价值（元／年）；

U_i——济南市湿地生态系统服务各分项年价值（元／年）。

第二节　济南市湿地生态系统服务功能价值量评估结果

根据湿地生态系统服务价值评估公式计算得出，济南市湿地生态系统服务的总价值为24.21 亿元／年，每公顷湿地提供的价值平均为 11 万元／年，详见表 5-1 所示。

表 5-1　济南市湿地生态系统服务价值

单位：$\times 10^8$ 元／年，%

	涵养水源	保育土壤	固碳释氧	积累营养物质	降解污染物	改善小气候	提供生物栖息地	科研文化游憩	清除颗粒物	总计
价值	8.51	0.09	2.71	0.66	5.78	0.60	4.42	1.22	0.23	24.21
比重	35.15	0.38	11.19	2.68	23.87	2.48	18.26	5.04	0.95	100.00

济南市湿地生态系统服务功能中（表 5-1、图 5-2），涵养水源功能的价值占总价值的35.15%，表明济南市湿地生态系统对维持全市用水安全起到非常重要的作用。降解污染功能价值占 23.87%，表明济南市湿地生态系统在降解水污染方面的作用十分显著，发挥了天然"污水处理厂"的功能。提供生物栖息地功能价值占 18.26%，表明济南市湿地中的滩涂

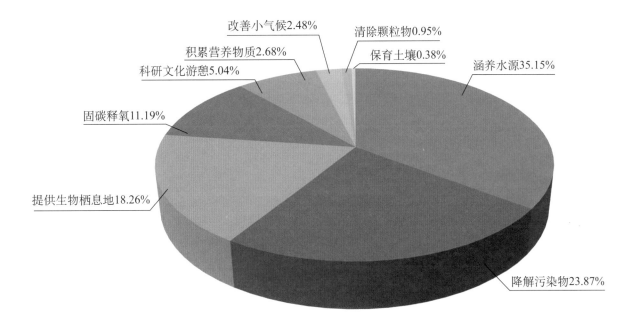

图 5-2　济南市湿地生态系统服务价值比例分布

表 5-2　济南市各地区湿地生态系统服务价值

单位：$\times 10^8$ 元/年

	涵养水源	保育土壤	固碳释氧	积累营养物质	降解污染物	改善小气候	提供生物栖息地	科研文化游憩	清除颗粒物	总计
济南市区	0.71	0.02	0.67	0.16	1.42	0.15	1.08	0.30	0.06	4.56
平阴县	0.84	0.01	0.27	0.06	0.57	0.06	0.44	0.12	0.02	2.40
历城区	1.37	0.01	0.31	0.08	0.66	0.07	0.51	0.14	0.03	3.17
济阳县	1.51	0.01	0.37	0.09	0.79	0.08	0.60	0.17	0.03	3.66
长清区	2.09	0.01	0.31	0.07	0.66	0.07	0.50	0.14	0.03	3.88
商河县	0.90	0.01	0.27	0.07	0.58	0.06	0.45	0.12	0.02	2.49
章丘市	1.09	0.02	0.51	0.12	1.09	0.11	0.83	0.23	0.04	4.05
合计	8.51	0.09	2.71	0.65	5.77	0.6	4.41	1.22	0.23	24.21

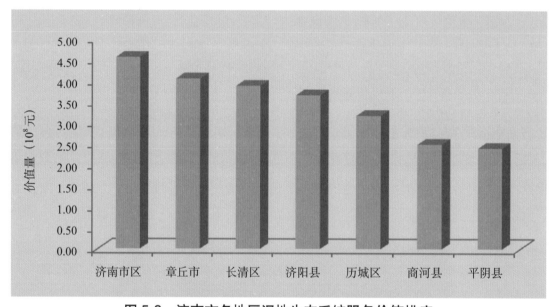

图 5-3　济南市各地区湿地生态系统服务价值排序

和水域为动植物提供了良好的繁衍、栖息和迁徙的场所，为野生生物提供了适宜的生存空间。固碳释氧功能价值占 11.9%，表明济南市湿地中大量的水生植物在固定二氧化碳和释放氧气方面的作用明显，对改善城市的环境起到了积极的作用。此外，积累营养物质、改善小气候、科研文化游憩、清除颗粒物及保育土壤等功能的价值虽然所占比重相对较小，但在提升济南城市环境质量方面的作用不容忽视。

由表 5-2 及图 5-3 可以看出，济南市各县/市辖区湿地生态系统服务总价值排序中，济南市区（历下区、市中区、槐荫区和天桥区）的价值量最高，占全市总价值的 18.84%；章丘市价值量排其次，占全市总价值的 16.73%；平阴县价值量最小，占全市总价值的 9.91%。济南市区湿地生态系统服务价值量最高，主要由于其处于市中心地带，人工湿地比重较大，占全市湿地总面积的 16.35%；章丘市湿地生态系统服务价值量较高，主要由于其地处南部山区，河流及水库湖泊湿地占一定的比重，加之人工湿地的建设，使得该区湿地生态系统服务价值较高。湿地生态系统服务定量研究能够使各区政府明确了解湿地生态系统给人民群众带来的益处，并意识到经济建设与生态环境保护必须协调发展，正确处理社会经济发展与湿地生态环境保护之间存在的问题。

近年来，山东省和济南市对省会济南的湿地状况高度关注。政府积极促进湿地恢复与保护建设，在黄河沿岸地区、低洼滞洪区、水库、河道和湖泊周边，建设湿地保护区和湿地公园，恢复和保护现有湿地资源，维护湿地生态平衡，保护生物多样性。

济南市出台相关规划建设指标对湿地资源进行恢复和保护，在2010~2015年间，将重点恢复和保护平阴玫瑰湖、商河大沙河、天桥鹊山龙湖、济西湿地、济阳澄波湖、华山水景园、遥墙莲藕景观园等7处湿地。并规划将鹊山龙湖、济西湿地、玫瑰湖、大沙河等4处湿地公园由市级晋升为国家级湿地公园，将澄波湖湿地公园由市级晋升为省级湿地公园；规划新建章丘白云湖、三川湿地和黄河湿地生态功能保护区共3处湿地自然保护区，全市湿地保护率达到65%。2016～2017年，进一步增加湿地资源，提升生态功能，保护生态多样性。

湿地恢复与保护工程是济南市创建国家森林城市、建设森林泉城的十大任务之一，在"十二五"期间，济南市获得了"国家森林城市"称号，也意味着全市生态建设、湿地保护都站在了一个新的高度。

(1) 以保护为主，完善湿地公园建设体系。"十三五"期间，济南市在湿地保护方面将努力晋升国家级湿地公园1处，建设省级湿地公园1~2处，建设白泉、华山湖、北湖3处人工湿地，启动黄河市区段67千米河道滩区湿地的规划建设，制定济南市湿地保护规划，划定全市湿地保护红线，确保现有湿地面积不减少，湿地功能不退化。将已经批建的国家、省级重要湿地的保护恢复项目纳入到湿地保护工程范围。同时，通过进一步加强对已批准建立的国家级、省级、市级湿地公园建设工作的指导监督，从保护体系建设、湿地恢复与综合治理、可持续利用示范和能力建设4个方面加强督促指导，切实加强对湿地公园建设的组织领导，建立建设项目责任制，每个项目和环节明确责任单位、责任人员、时间进度和工作要求，形成一级抓一级、层层抓规范管理的格局，保证建设工作有序进行，确保"十三五"期间湿地公园建设取得良好效果。

(2) 结合恢复措施，重现天然湿地生态功能。天然湿地的生态功能是人工湿地无法替代的，因此，在建设湿地公园，保护现有天然湿地之余，济南市在"十三五"期间将选择生态退化严重的国家级、省级重要湿地区域作为湿地恢复示范区，采取包括生态补水、退耕还湿、退塘还湖、污染排放管理等综合治理措施，开展湿地生态系统恢复、关键物种栖息地重建、有害生物防控等建设内容。选择济西、玫瑰湖等湿地公园内特定区域，适度种植芦苇、芦竹、蒲草、苦江草等挺水植物，菱角、芡实等浮叶植物，轮叶黑藻、金鱼藻等沉水植物。通过建立生物群落净化区，使入湖泊、河流水质得到有效净化。建立湿地监测体系，各县/市辖区监测站是该体系的重要组成部分，负责湿地资源调查与监测、各种信息的采集与上报等。同时，各县/市辖区级湿地监测站将配备必要的调查、监测、通讯与信息处理设备，建立起全市湿地资源监测信息管理系统，并加强人才的引进和培养，建立起全市湿地资源监测管理专业队伍（2016年2月2日，济南日报）。

据《2015年山东省国民经济和社会发展统计公报》显示，2015年年末，济南市国家级湿地公园达59处，新增9处；省级湿地公园达113处，新增17处。湿地类型自然保护区达17处。2016年1月，山东省人大通过了《济南市湿地保护条例》，该条例涉及济南市湿地的规划和认定、保护和利用、监督和管理以及法律责任等，对湿地的保护和管理上升到了法律层面。由此可见，济南市恢复和保护湿地建设的成绩显著，在湿地生态治理上不断向人民群众交出满意答卷，同时也进一步彰显了济南市恢复和保护湿地建设的信心和决心。

2013年，山东省财政下达了本年度第一批重点流域水污染治理资金达4.1亿元，支持

图5-4　济西湿地公园（槐荫）

图5-5　大明湖湿地公园

图 5-6 济西湿地

120 个省辖淮河、海河和小清河流域人工湿地水质净化、水环境综合整治等公益性生态修复项目。同时,发挥财政杠杆作用,积极采取投资补助、贷款贴息等方式,拉动社会投资 86 亿元,为构建环湖沿河沿海大生态带、美丽山东建设提供有力的资金保障(大众日报,2013-03-15)。

为贯彻水污染防治行动计划,加快生态山东建设,山东省财政 2015 年拨付本年度的第一批专项资金为 5 亿元,支持海河、小清河、半岛诸河等重点流域水污染防治。专项资金由流域内县 / 市辖区统筹用于支持人工湿地建设、生态修复、再生水循环利用等公益性项目,确保如期完成山东省政府确定的年度内基本消除劣 5 类水体的目标(2015 年 5 月 13 日,人民日报)。

另外,济南市为了保护湿地生态系统,近年来逐步增强了城市污水处理力度,济南市污水处理年运行费用由 2004 年的 0.33 亿元增加至 2011 年的 2.46 亿元(中国环境统计年报,2002、2011)。统计数据充分表明,济南市在保护湿地生态系统方面所做的努力。随着保护力度的增强以及湿地生态系统的修复,湿地生态系统将在济南社会、经济发展中发挥重要作用。

综上可知,山东省以及济南市在湿地的恢复、保护、污染治理等方面,千方百计,不遗余力。此次评估结果显示,济南市湿地生态系统服务的价值量达 24.21 亿元,且由于目前研究技术和水平的限制,湿地生态系统服务的功能并未完全涵盖进来。因此,济南市的湿地生态系统服务价值将超过此次评估值。但此次评估值已经超出了历年来山东省用于湿地建设和生态修复专项资金的数倍。由此可见,济南市湿地生态系统服务的重要性,其为济南市生态环境状况的提升,为济南市乃至山东省人民群众生活质量的提升都起到了不可替代的积极作用。济南市湿地生态系统服务价值的科学量化评估,将对推进下一步济南市湿地恢复和保护建设提供科学的依据和支撑。

第三节　济南市湿地存在的问题及对策建议

一、存在的主要问题

由于长期以来人们对湿地生态价值认识不足，加上保护管理能力薄弱，济南市在湿地开发和利用方面存在以下问题：

（1）重开发轻保护。总体上来看，近些年来济南市启动和建成的湿地项目，开发利用发展经济成为其根本目的，很多建设工程为旅游开发而服务，目的是为了促进经济的提升和发展。甚至有些湿地项目，为了开发而进行的建设已经破坏了现存的生态湿地资源，恶化了现有的湿地生态环境。此外，各个湿地项目开发建设各自为政，四面开花，缺乏整体性和协调性，并没有从区域性范围内系统谋划。众多开发项目基本上以休闲旅游观光为主，项目的建设内容大多类似，从而造成了各项目之间互相消耗，导致了大部分项目的整体水平不高。

（2）缺乏技术支撑。湿地保护与利用涉及方面甚广，包含了湿地资源的评估、生态系统的恢复、生态环境的保护、综合整治工程、可持续发展利用、湿地公园建设等多项内容，涉及生态学、工程学、植物学、动物学、管理学、地理学等多个学科，是一项技术含量很高、专业性和综合性很强的复杂工程。目前，济南市的湿地开发建设大多只从规划、策划阶段入手，有的甚至直接从建设项目入手，缺少严格的工程实施流程，缺乏可靠的技术支撑，进而导致开发项目在建设及维护技术上远不能满足湿地保护的需要。

（3）管理缺位盲目改造。湿地资源的保护、管理和开发涉及农业、林业、水利、国土、环保等多个部门。目前济南市的湿地保护和开发规划缺乏系统性。湿地项目建设基本以各区政府为主体，有的直接以开发商为主体，导致从地方经济利益和行业自身利益出发制定政策和开展工作。在经济利益的驱动下开发湿地项目，不能实现区域范围内湿地的统一管理，严重影响了湿地的科学管理和资源的开发利用，不利于济南市整个环境建设和保护的推进。

二、对策建议

（1）加强湿地保护与恢复。建设人工湿地水质净化工程。选择支流入干流处、河流入湖口等适宜地点，建设人工湿地水质净化工程，提升流域环境承载力。在城镇污水处理厂（站）、重点企事业单位、大型社区排污口建设与城市景观相结合的人工湿地水质净化工程；在建筑面积10万平方米以上的住宅小区，推广建设以改善居住环境为主要目的的小型人工湿地水质净化工程。因地制宜建设微型湿地群和小型氧化塘，有效处理农村生产生活污水。规范人工湿地建设和运营。

（2）加强良好水体保护。保持洪范池泉域、济南泉域、白泉泉域和百脉泉泉域泉水水质良好，达到或优于地下水Ⅲ类标准。对白云湖等现状水质达到或优于地表水Ⅲ类标准的湖库开展生态环境调查与评估，制定实施生态环境保护方案。开展小清河流域生态健康调查与评估，保护珍稀濒危水生生物和重要水产种质资源，提高水生生物多样性。

（3）实施湿地保护和恢复专项行动。逐步健全退化湿地保护和修复机制，按照政府主导、经济补偿、市场推进的原则，在河流湖泊防洪大堤以内因地制宜开展退耕还湿、退渔还湖，引导农民主动调整种养结构。加快推进小清河沿线湿地、沿黄滩区湿地、北部平原河网湿地和河流源头生态湿地恢复建设。积极开展玉符河、腊山河、商中河等生态河道建设，使河道水面增加、沿河植被和水生生物得到恢复，增强河流自然净化能力。积极恢复河流历史走向和湖泊原有水面，修复流域原有生态功能（引自《济南市落实水污染防治行动计划实施方案》）。

（4）建立湿地资源评价体系，实行湿地效益价值补偿机制。湿地的功能虽然是多方面的，但因其类型、所处自然地理与社会经济条件的不同，其效益和价值具有明显的差异。目前由于对湿地效益的分析评价工作刚刚起步，还缺乏对湿地效益和价值评价指标体系的系统研究，因此，研究制定一套适合山东省省情和济南市市情的湿地效益和价值指标评价体系，量化湿地资源价值，并对其实行一定标准的补偿，对湿地资源保护具有重要而深远意义。

第六章
济南市森林生态系统服务功能的综合影响分析

　　可持续发展的思想是伴随着人类与自然关系的不断演化而最终形成的符合当前与未来人类利益的新发展观。目前，可持续发展已经成为全球长期发展的指导方针。它由三大支柱组成，旨在以平衡的方式，实现经济发展、社会发展和环境保护。我国发布的《中国21世纪初可持续发展行动纲要》提出的目标为：可持续发展能力不断增强，经济结构调整取得显著成效，人口总量得到有效控制，生态环境明显改善，资源利用率显著提高，促进人与自然的和谐，推动整个社会走上生产发展、生活富裕和生态良好的文明发展道路。但是，近年来随着人口增加和经济发展，对资源总量的需求更多，环境保护的难度更大，严重威胁着我国社会经济的可持续发展。本章将从森林生态系统服务的角度出发，分析济南市社会、经济和生态环境的可持续发展所面临的问题，进而为管理者提供决策依据。

第一节　济南市生态 GDP 核算

　　生态GDP对于正确认识和处理经济社会发展与生态环境保护之间的关系至关重要，将生态效益纳入国民经济核算体系，可以引导人们自觉改变"先污染、后治理"观念，树立"良好的生态环境就是宝贵财富，保护环境就是保护生产力"的理念。积极响应党的十八大报告的号召，把这种观念贯彻到经济、社会的实践中，建立考核和评价机制，促使人们加大对生态环境的保护力度。同时将生态文明建设上升到"五位一体"国家意志的战略高度，融入经济社会发展全局，从源头上解决环境问题。

> 　　现行 GDP 是国民经济全部活动的产出成果，反映了一个国家（或地区）的经济实力和市场规模。

> 绿色 GDP 是扣除经济活动中资源耗减和环境损害后的国内生产总值，是对现行 GDP 指标的一种调整。

> 生态 GDP 是指在传统 GDP 的基础上减去环境退化价值和资源消耗价值，加上生态效益，也即在原有绿色 GDP 核算体系的基础上加入生态效益即生态系统服务功能价值。

2014 年，山东省严格执行逐步加严的区域性大气污染物排放标准，抓好超低排放技术推广等工作，深入实施节能减排低碳发展行动方案，大力发展节能环保产业。2014 年，全市万元 GDP 能耗同比下降 5.00%，济南市的万元 GDP 能耗同比下降 6.22%（山东省统计局，2015）；济南市各县 / 市辖区空气中二氧化硫年均浓度为 0.072 毫克 / 立方米，比上年下降 29.17 个百分点；二氧化氮年均浓度为 0.053 毫克 / 立方米，比上年下降 11.32 个百分点；可吸入颗粒物 PM_{10} 年均浓度为 0.172 毫克 / 立方米，比上年下降 11.05 个百分点；可吸入颗粒物 $PM_{2.5}$ 年均浓度为 0.09 毫克 / 立方米，比上年下降 20.00 个百分点据（济南市统计局，2015）。

一、核算背景

中国共产党第十八次全国代表大会报告专门提出：建设生态文明是关系人民福祉、关系民族未来的长远大计，必须树立尊重自然、顺应自然、保护自然的生态文明理念，把生态文明建设放在突出地位，融入经济建设、政治建设、文化建设、社会建设各方面和全过程，努力建设美丽中国，实现中华民族永续发展。要把资源消耗、环境损害、生态效益纳入经济社会发展评价体系，建立体现生态文明要求的目标体系、考核办法、奖惩机制，作为加强生态文明制度建设的范畴。

人类社会的发展必须是和谐发展，而和谐发展要以生态文明建设为基础。其中，森林发挥了至关重要的生态效益、经济效益和社会效益，这三大效益是实现人类社会和谐发展、建设生态文明的基础。就当前我国而言，森林在促进经济又好又快发展、协调区域发展、发展森林文化产业以及应对气候变化、防沙治沙、提供可再生能源、保护生物多样性等方面，起着不可替代的作用。在中国共产党的十七大报告中谈到面临的困难和问题时，把经济增长的资源环境代价过大列在第一位。而在中国共产党的十八大报告提到前进道路上的困难和问题时，资源环境约束加剧仍然位列其中。2012 年 11 月 21 日国务院召开全国综合配套改革试点工作座谈会上，国务院副总理李克强再次提到："要健全评价考核、责任追究等机制，加强资源环境领域的法治建设。通过体制不仅要约束人，还要激励人和企业加强节能环保工作。要更多地用法律手段调节和规范环保行为，使改革这个中国发展的最大红利更多地体现在生态文明建设和转型发展、科学发展上"。这足以表明，资源环境问题已经成为我们党的重点关切方面。只有将环境保护上升到国家意志的战略高度，融入经济社会发展全局，才能从源头上减少环境问题。建设生态文明，不同于传统意义上的污染控制和生态恢复，而是克服工业文明弊端，探索资源节约型、环境友好型发展道路的过程。

国民经济核算体系中最为重要的总量指标——国内生产总值（Gross Domestic Product, GDP）反映总体经济增长水平和发展趋势，其增长指标作为了各个国家宏观调控的首要目标，常被公认是衡量国家经济状况的最佳指标。然而，现行的国内生产总值（GDP）在其核算过程中没有考虑经济生产对资源环境的消耗利用，过高估计了经济活动的成就，不能衡量社会分配和社会公正，使巨大的自然资源消耗成本和环境降级成本被忽略。导致为了单纯追求GDP的增长而为自然资源损失与环境状况恶化付出沉重的代价，最终导致经济不可持续发展，加剧全球性生态灾难，使得人类居住环境日益恶化，严重导致威胁人类的生存与发展。

为了校正国民核算体系中GDP核算的不合理性，人们提出了"绿色GDP"核算体系，其内涵便是环境成本的核算，把经济发展中的自然资源耗减成本和环境资源耗减成本纳入国民经济的核算体系。绿色GDP是扣除经济活动中投入的资源和环境成本后的国内生产总值，是对GDP核算体系的进一步完善和补充。然而绿色GDP核算仅考虑了经济发展消耗资源的量，而没有考虑资源再生产的价值，即自然界自身的生态效益。简单地认为"经济产出总量增加的过程，必然是自然资源消耗增加的过程，也必然是环境污染和生态破坏的过程"，在一定程度上忽略了自然界的主动性，进而制约了创造生态价值的积极性。同时，绿色GDP核算体系不符合生态文明评价制度，不能担当生态文明评价体系重任。

为了探索生态文明评价制度的创新途径，建立生态文明评价体系，中国林业科学研究院首席专家王兵研究员通过认真学习十八大报告关于生态文明建设内容的精髓，结合自己多年的研究和思考，于2012年11月在国内外率先提出了"生态GDP"的概念，即在现行GDP的基础上减去环境退化价值和资源消耗价值，加上生态效益，也即在原有绿色GDP核算体系的基础上加入生态效益，弥补了绿色GDP核算中的缺陷。在用科学的态度继续探索绿色GDP核算的基础上，改进和完善了环境经济核算体系，提出了能真实反映环境、经济、社会可持续发展的，顺应民意的，合乎潮流的"生态GDP"理论，无论从核算制度和体系角度，还是从核算方法和基础角度上都能进一步推展开来。

二、核算方法

经环境调整后生态GDP核算：以环境价值量核算结果为基础，扣除环境成本（包括资源消耗成本和环境退化成本），再加上生态服务功能价值，对传统国民经济核算总量指标进行调整，形成经环境因素调整后的生态GDP核算。首先，构建环境经济核算账户，包括实物量账户和价值量账户，账户分别由 3 部分组成：资源耗减、环境污染损失、生态系统服务功能。然后，利用市场法、收益现值法、净价格法、成本费用法、维持费用法、医疗费用法、人力资本法等方法对资源耗减和环境污染损失价值量进行核算。

三、核算结果

（一）资源消耗价值

根据《济南统计年鉴 2015》以及《综合能耗计算通则》（GB2589—2008）能源转换标准煤系数，2014 年济南市能源消费总量为 3411.47 万吨标准煤。根据文献（潘勇军，2013）计算出济南市 2014 年资源消耗价值为 56.23 亿元（表 6-1）。

（二）环境损害核算

本研究对环境污染损害价值从四个方面进行核算：① 环境污染造成的生态损失；② 资产加速折旧损失；③ 人体健康损失；④ 环境污染虚拟治理成本。

1. **环境污染造成的生态损失**

环境污染对生态环境造成的损失核算：将环境污染所造成的各类灾害所引起的直接经济损失作为环境污染对生态环境的损失价值，根据山东统计年鉴（2015），得到济南市 2014 年环境损失价值为 0.0166 亿元。

2. **资产加速折旧损失**

由于环境污染对各类机器、仪器、厂房及其他公共建筑和设施等固定资产造成损失，各类污染物会对固定资产产生腐蚀等不利作用，加速固定资产折旧，使用寿命缩短、维修费用开支增加等，利用市场价值法来对污染造成的固定资产损失进行核算。以及文献（潘勇军，2013）的公式得出，2014 年资产加速折旧损失为 8.48 亿元。

3. **人体健康损失**

环境污染对人体健康造成的损失是一个极其复杂的问题。环境污染对人体健康的影响主要表现为呼吸系统疾病、恶性肿瘤和地方性氟和砷（污染）中毒造成的疾病，参照文献（潘勇军，2013）及《济南统计年鉴 2015》中的相关数据，仅考虑环境污染造成的医疗费用增加和直接劳动力损失进行人体健康损失费用核算，最终得出环境污染导致人体健康损失费用为 18.29 亿元。

4. **环境污染虚拟治理成本**

经济活动对环境质量的损害主要是由于经济活动中各项废弃物的排放没有全部达到排放标准，应该经过治理而没有治理，对环境造成污染，使环境质量下降所带来的环境资产价值损失。通过《济南统计年鉴 2015》统计出的污染物数据，以及结合文献（潘勇军，2013）中提及的处理成本，计算得出 2014 年济南市环境污染虚拟治理成本为 5.68 亿元。

（三）济南市生态 GDP 核算结果

2014 年济南市（不包含高新区）GDP 总量为 4901.50 亿元，根据生态 GDP 的核算方法：生态 GDP=GDP 总量－资源消耗价值－环境退化价值（环境污染造成的生态损失＋资产加速折旧损失＋人体健康损失＋环境污染虚拟治理成本）＋生态效益（森林生态效益、湿地生态效益）。最终计算得出，2014 年济南市生态 GDP 达 5096.88 亿元（表 6-1），相当于当年 GDP 的 1.04 倍。

表 6-1 济南市各县 / 市辖区生态 GDP 核算账户

单位：$\times 10^8$ 元

县/市辖区	传统GDP		资源消耗	环境损害				绿色GDP		森林与湿地生态效益	生态GDP	
	量值	排序		污染造成的生态损失	资产加速折旧	人体健康损失	环境污染虚拟治理成本	量值	排序		量值	排序
历下区	1010.60	1	9.85	28.99	1.49	3.20	0.99	966.08	1	2.24	997.31	1
市中区	681.80	4	6.64	19.56	1.00	2.16	0.67	651.77	4	8.59	679.92	4
槐荫区	357.70	6	3.49	10.26	0.53	1.13	0.35	341.94	6	0.49	352.69	6
天桥区	371.70	5	3.62	10.66	0.55	1.18	0.37	355.32	5	3.08	369.06	5
历城区	768.20	3	12.89	37.94	1.94	4.19	1.30	709.94	3	71.43	819.31	3
长清区	253.00	8	5.53	16.28	0.83	1.80	0.56	228.00	8	59.24	303.52	7
平阴县	214.70	9	2.09	6.16	0.32	0.68	0.21	205.24	9	30.88	242.28	9
济阳县	260.60	7	2.54	7.48	0.38	0.83	0.26	249.11	7	23.56	280.15	8
商河县	159.70	10	1.56	4.58	0.23	0.51	0.16	152.66	10	29.74	186.98	10
章丘市	823.50	2	8.02	23.62	1.21	2.61	0.81	787.23	2	54.81	865.66	2

（四）各县 / 市辖区生态 GDP 核算结果

从济南市各县 / 市辖区的生态 GDP 核算账户中可以看出各县 / 市辖区的传统 GDP 与资源消耗价值和环境损害价值存在一定的相关性，传统 GDP 越高，资源消耗价值和环境损害价值也越高，这主要是因为经济较为发达的地区，其资源消耗量较高，环境污染也严重。各县 / 市辖区间的绿色 GDP 排序与传统 GDP 相同，并且均有不同程度的降低。各县 / 市辖区间的生态 GDP 排序与传统 GDP 存在差异性，主要由济南市各县 / 市辖区间的森林资源分布不同造成的。充分说明了生态系统提供的生态效益巨大，其无形的存在价值支持着经济发展，生态产品提供的生态效益在国民经济发展中起着功不可没的作用，大大消减了由于资源和环境损害造成对 GDP 增长率的减少量。

所以，生态 GDP 既考虑了经济活动对资源消耗价值和环境污染带来的外部成本，促进加快经济发展方式转化，向以集约型、效益型、结构型发展方式转变的技术进步，也考虑到将生态系统所带来的生态效益纳入国民经济核算中，体现了人类社会和自然和谐共生的关系。

第二节 济南市森林生态效益科学量化补偿研究

通过分析人类发展指数的维度指标，将其与人类福祉要素有机地结合起来，而这些要素与生态系统服务密切相关。其中，人类福祉要素包括年基本食品类支出、年教育类支出、年医疗保健类支出和年文教娱乐类支出。

> 森林生态效益科学量化补偿是基于人类发展指数的多功能定量化补偿，结合了森林生态系统服务和人类福祉的其他相关关系并符合省级财政支付能力的一种对森林生态系统服务提供者给予的奖励。
>
> 人类发展指数是对人类发展情况的总体衡量尺度。主要从人类发展的健康长寿、知识的获取以及生活水平三个基本维度衡量一个国家取得的平均成就。

利用人类发展指数等转换公式，并根据《济南统计年鉴 2015》数据，计算得出济南市森林生态效益多功能定量化补偿系数、财政相对补偿能力指数、补偿总量及补偿额度，如表 6-2 所示。

表 6-2　济南市森林生态效益多功能定量化补偿情况

补偿系数(%)	财政相对补偿能力指数	补偿总量（×10⁸元/年）	补偿额度		政策补偿[元/(亩·年)]
			元/(公顷·年)	元/(亩·年)	
0.35	0.108	0.93	259.73	17.32	5.00/10.00

济南市对森林生态效益的补偿为每亩 5.00 或 10.00 元，属于一种政策性的补偿（国家林业局）；由表 6-2 可以看出，而根据人类发展指数等计算的补偿额度为 17.32 元 / 亩，高于政策性补偿，利用这种方法计算的生态效益定量化补偿系数是一个动态的补偿系数，不但与人类福祉的各要素相关，而且进一步考虑了市级财政的相对支付能力。以上数据说明，随着人们生活水平的不断提高，人们不再满足于高质量的物质生活，对于舒适环境的追求已成为一种趋势，而森林生态系统对舒适环境的贡献已形成共识，所以如果政府每年投入

约 0.16% 的财政收入来进行森林生态效益补偿，那么相应地将会极大提高人类的福祉指数，这将有利于济南市的森林资源经营与管理。

根据济南市的森林生态效益多功能定量化补偿额度和各县 / 市辖区森林生态效益计算出各县 / 市辖区的森林生态效益多功能定量化补偿额度（表 6-3）。济南市各县 / 市辖区的森林生态效益分配系数介于 0.19%~25.82% 之间，最高的为历城区，其次为长清区，最低的为槐荫区。补偿总量的变化趋势与补偿系数的变化趋势一致，均与各县 / 市辖区提供的森林生态效益价值量成正比。但是，这与济南市各县 / 市辖区的经济发展水平不一致。根据《济南统计年鉴 2015》可知，各县 / 市辖区的财政收入由多到少的顺序为：历下区、市中区、历城区、章丘市、槐荫区、天桥区、济阳县、平阴县、长清区和商河县，而其生态效益补偿所占的份额排序与此不同。由此可以看出，济南市各县 / 市辖区财政收入与森林生态效益补偿总量的关系：财政收入较高与提供的森林生态效益补偿总量不对等。

由表 6-3 还可以得出：补偿额度较高的历城区、章丘市和长清区，补偿额度分别为 19.51、19.32 和 18.78 [元 /(亩 · 年)]；补偿额度较低的天桥区、历下区和槐荫区，补偿额度分别为 15.95、15.68 和 15.07 [元 /(亩 · 年)]。

根据济南市森林资源数据，将其森林划分为 12 个优势树种（组）（包括经济林和灌木林）。依据森林生态效益多功能定量化补偿系数，得出不同的优势树种组所获得的分配系数、补偿总量及补偿额度。济南市各优势树种（组）分配系数、补偿总量及补偿系数如表 6-4 所示：各优势树种组生态效益分配系数介于 >0.01% ~ 36.34% 之间，最高的为黑杨类，其次为柏类，最低的为落叶松类，与各优势树种（组）的生态效益呈正相关性。补偿总量的变化趋势与补偿系数的变化趋势一致，均与各优势树种（组）的森林生态效益价值量成正比。补偿额度最高的为黑杨类 [23.71 元 /(亩 · 年)]，其次为白杨类 [23.43 元 /(亩 · 年)]，最低的为经济林 [11.03 元 /(亩 · 年)]。

表 6-3　济南市各县 / 市辖区森林生态效益多功能定量化补偿情况

县/市辖区	生态效益（×10⁸元/年）	分配系数（%）	补偿总量（×10⁸元/年）	补偿额度	
				元/（公顷·年）	元/（亩·年）
历下区	2.24	0.85	0.008	235.19	15.68
市中区	8.59	3.25	0.030	261.52	17.43
槐荫区	0.49	0.19	0.002	226.00	15.07
天桥区	3.08	1.16	0.011	239.31	15.95
历城区	68.26	25.82	0.239	292.59	19.51
长清区	55.36	20.94	0.194	281.72	18.78
章丘市	50.76	19.20	0.178	289.75	19.32
平阴县	28.48	10.77	0.100	274.55	18.30
济阳县	19.9	7.53	0.070	272.66	18.18
商河县	27.25	10.31	0.095	274.98	18.33

表6-4　济南市各优势树种（组）生态效益多功能定量化补偿情况

优势树种组	生态效益 （×10⁸元/年）	分配系数 （%）	补偿总量 （×10⁸元/年）	补偿额度	
				元/（公顷·年）	元/（亩·年）
柏类	72.46	28.78	0.268	244.07	16.27
落叶松	<0.01	<0.01	<0.001	271.31	18.09
松类	8.15	3.24	0.03	306.79	20.45
栎类	1.7	0.68	0.006	290.54	19.37
刺槐	13.06	5.19	0.048	303.20	20.21
白杨类	2.45	0.97	0.009	351.46	23.43
黑杨类	91.5	36.34	0.338	355.67	23.71
泡桐	0.05	0.02	<0.001	346.48	23.10
其他	8.98	3.57	0.033	349.41	23.29
经济林	43.87	17.42	0.162	165.44	11.03
灌木林	9.55	3.79	0.035	253.59	16.91
竹林	<0.01	<0.01	<0.001	242.95	16.20

第三节　济南市森林资源资产负债表编制研究

"探索编制自然资源资产负债表，对领导干部实行自然资源资产离任审计。建立生态环境损害责任终身追究制"是十八届三中全会做出的重大决定，也是国家健全自然资源资产管理制度的重要内容。2015年中共中央、国务院印发了《生态文明体制改革总体方案》，与此同时强调生态文明体制改革工作以"1+6"方式推进，其中包括领导干部自然、资源资产离任审计的试点方案和编制自然资源资产负债表试点方案。研发自然资源资产负债表并探索其实际应用，无疑是国家加快建立生态文明制度，健全资源节约利用、生态环境保护体制，建设美丽中国的根本战略需求所在。自然资源资产负债表是用国家资产负债表的方法，将全国或一个地区的所有自然资源资产进行分类加总形成报表，显示某一时间点上自然资源资产的"家底"，反映一定时间内自然资源资产存量的变化，准确把握经济主体对自然资源资产的占有、使用、消耗、恢复和增值活动情况，全面反映经济发展的资源消耗、环境代价和生态效益，从而为环境与发展综合决策、政府生态环境绩效评估考核、生态环境补偿等提供重要依据。探索编制济南市森林资源资产负债表，是深化济南市生态文明体制改革，推进生态文明建设，打造美丽森林泉城的重要举措。对于研究如何依托济南市丰富的森林资源，实施绿色发展战略，建立生态环境损害责任终身追究制，进行领导干部考核和落实十八届三中全会精神，以及解决绿色经济发展和可持续发展之间的矛盾等具有十分重要的意义。

> 　　自然资源资产负债表是指用资产负债表的方法，将全国或一个地区的所有自然资源资产进行分类加总而形成的报表，核算自然资源资产的存量及其变动情况，以全面记录当期（期末－期初）自然和各经济主体对生态资产的占有、使用、消耗、恢复和增殖活动，评估当期生态资产实物量和价值量的变化。

一、账户设置

　　结合相关财务软件管理系统，以国有林场与苗圃财务会计制度所设定的会计科目为依据，建立三个账户：① 一般资产账户，用于核算济南市林业正常财务收支情况；② 森林资源资产账户，用于核算济南市森林资源资产的林木资产、林地资产、湿地资产、非培育资产；③ 森林生态系统服务功能账户，用来核算济南市森林生态系统服务功能，包括：涵养水源、保育土壤、固碳释氧、林木积累营养物质、净化大气环境、生物多样性保护、森林防护、森林游憩、提供林产品等其他生态服务功能。

二、森林资源资产账户编制

　　联合国粮农组织林业司编制的《林业的环境经济核算账户——跨部门政策分析工具指南》指出森林资源核算内容包括林地和立木资产核算、林产品和服务的流量核算、森林环境服务核算和森林资源管理支出核算。而我国的森林生态系统核算的内容一般包括：林木、林地、林副产品和森林生态系统服务。因此，参考 FAO 林业环境经济核算账户和我国国民经济核算附属表的有关内容，本研究确定的济南市森林资源核算评估的内容主要为林地、林木、林副产品。

　　1. 林地资产核算

　　林地是森林的载体，是森林物质生产和生态服务的源泉，是森林资源资产的重要组成部分，完成林地资产核算和账户编制是森林资源资产负债表的基础。本研究中林地资源的价值量估算主要采用年本金资本化法。其计算公式为：

$$E = A / P$$

　　式中：E——林地评估值（元 / 公顷）；

　　　　　A——年平均地租 [元 /（亩·年）]；

　　　　　P——利率（%）。

　　2. 林木资产核算

　　林木资源是重要的环境资源，可为建筑和造纸、家具及其他产品生产提供投入，是重要的燃料来源和碳汇集地。编制林木资源资产账户，可将其作为计量工具提供信息，评估和管理林木资源变化及其提供的服务。

(1) 幼龄林、灌木林等林木价值量采用重置成本法核算。其计算公式为：

$$E_n = k \cdot \sum_{i=1}^{n} C_i \ (1+P)^{\,n-i+1}$$

式中：E_n——林木资产评估值（元／公顷）；

k——林分质量调整系数；

C_i——第 i 年以现时工价及生产水平为标准计算的生产成本，主要包括各年投入的工资、物质消耗等（元）；

n——林分年龄；

P——利率（%）。

(2) 中龄林、近熟林林木价值量采用收获现值法计算。其计算公式为：

$$E_n = k \cdot \frac{A_u + D_a (1+P)^{u-a} + D_b (1+P)^{u-b} + \cdots}{(1+P)^{u-n}} - \sum_{i=n}^{u} \frac{C_i}{(1+P)^{i-n+1}}$$

式中：E_n——林木资产评估值（元／公顷）；

k——林分质量调整系数；

A_u——标准林分 U 年主伐时的纯收入（元）；

D_a、D_b——标准林分第 a、b 年的间伐纯收入（元）；

C_i——第 i 年的营林成本（元）；

U——经营期；

n——林分年龄；

P——利率（%）。

(3) 成熟林、过熟林林木价值量采用市场价倒算法计算。其计算公式为：

$$E_n = W - C - F$$

式中：E_n——林木资产评估值（元／公顷）；

W——销售总收入（元）；

C——木材生产经营成本（包括采运成本、销售费用、管理费用、财务费用、及有关税费）（元）；

F——木材生产经营合理利润（元）。

(4) 本研究经济林林木价值量全部按照产前期经济林估算，产前期经济林林木资产主要采用重置成本法进行评估。其计算公式为：

$$E_n = K\{C_1 \cdot (1+P)^u + C_2[(1+P)^{u-1}]/P\}$$

式中：E_n——第 n 年经济林木资产评估值（元 / 公顷）；

$\quad C_1$——第一年投资费（元）；

$\quad C_2$——第一年后每年平均投资费（元）；

$\quad K$——林分调整系数；

$\quad n$——林分年龄；

$\quad P$——利率（%）。

3. 林产品核算

林产品指从森林中，通过人工种植和养殖或自然生长的动植物上所获得的植物根、茎、叶、干、果实、苗木种子等可以在市场上流通买卖的产品，主要分为木质产品和非木质产品。其中，非木质产品是指以森林资源为核心的生物种群中获得的能满足人类生存或生产需要的产品和服务。包括植物类产品、动物类产品和服务类产品，如野果、药材、蜂蜜等。

林产品价值量评估主要采用市场价值法，在实际核算森林产品价值时，可按林产品种类分别估算。评估公式为：

某林产品价值 ＝ 产品单价 × 该产品产量

（1）林地价值。本研究确定林地价格时，生长非经济树种的林地地租为 22.60 [元 / （亩·年）]，生长经济树种的林地地租为 35.00 [元 / （亩·年）]，利率按 6% 计算。根据相关公式可得，2014 年济南市生长非经济树种林地（含灌木林）的价值量为 14.60 亿元，生长经济树种林地的价值量为 8.57 亿元，林地总价值量为 23.17 亿元（表 6-5）。

表 6-5　林地价值评估

林地类型	平均地租 [元/（亩·年）]	利率 (%)	林地价格 (元/公顷)	面积 (公顷)	价值 （×10^8元）
非经济树种林地	0.108	0.93	259.73	17.32	5.00/10.00
（含灌木林）	22.60	6	5650.00	258379.38	14.60
经济树种林地	35.00	6	8750.00	97923.16	8.57
合计	—	—	—	—	23.17

（2）林木价值。济南市 2015 年林木资产总价值为 65.41 亿元。其中，乔木林的林木资产价值量为 60.77 亿元，灌木林林木资产价值量为 0.80 亿元，非经济林林木资产价值量总计 61.57 亿元；结合林木实际结实情况，确定产前期经济林寿命为 $n=5$ 年，投资收益参照林业平均利率取 $P=6\%$，经济林林木资产价值量为 3.84 亿元（表 6-6）。

表6-6 林木资产价值估算

单位	林分类型	面积（公顷）	蓄积（立方米）	资产评估值（×10⁸元）
济南市	乔木林	244573	14861562	60.77
	灌木林	13806.38	——	0.80
	经济林	97923.16	——	3.84
	合计	356302.54	14861562	65.41

（3）林产品价值。利用《中国林业统计年鉴2014》中山东省中各类林产品价值量，并参照《山东省统计年鉴2015》中济南市各类林产品产量占全省的比例，计算出济南市林产品价值量。济南市2014年，林产品资源价值量总计为1.23亿元，其中花卉及其他观赏植物价值量最高，占济南市森林资源林产品总价值量的61.22%（表6-7）。

表6-7 林产品价值量统计

单位：×10⁴元，%

涉林产业	茶及其他饮料作物	中药材	森林食品	经济林产品种植与采集	花卉及其他观赏植物	陆生野生动物繁殖	合计
济南市	363.41	299.16	396.71	178.62	7524.96	3529.06	12291.92
比例	2.96	2.43	3.23	1.45	61.22	28.71	100.00

根据表6-8统计可知，济南市2014年森林资源资产总价值量达89.81亿元，其中林木资源资产价值量最大，占总资源资产价值量的72.83%，其次为林地资源资产价值量，占17.96%，林产品资源资产价值量所占比例较少，仅为1.37%。

表6-8 济南市森林资源价值量评估统计

单位：×10⁸元，%

森林资源	林地	林木			合计	林产品	合计
		乔木林	灌木林	经济林			
济南市	23.17	60.77	0.80	3.84	65.41	1.23	89.81
比例	25.80	67.66	0.89	4.28	72.83	1.37	100.00

三、济南市森林资源资产负债表

结合上述计算方法以及济南市森林生态系统服务功能价值量核算结果，编制出2015年济南市森林资源资产负债表，如表6-9至表6-12所示。

表 6-9 资产负债（一般资产账户 01 表）

单位：元

资产

资产	行次	期初数	期末数
流动资产：			
货币资金	1		
短期投资	2		
应收票据	3		
应收账款	4		
减：坏账准备	5		
应收款项净额	6		
预付款项	7		
应收补贴款	8		
其他应收款	9		
存货	10		
待摊费用	11		
待处理流动资产净损失	12		
一年内到期的长期债券投资	13		
其他流动资产	14		
流动资产合计	15		
营林、事业费支出：	16		
营林成本	17		
事业费支出	18		

负债及所有者权益

负债及所有者权益	行次	期初数	期末数
流动负债：			
短期借款	40		
应付票据	41		
应收账款	42		
预收款项	43		
育林基金	44		
拨入事业费	45		
专项应付款	46		
其他应付款	47		
应付工资	48		
应付福利费	49		
未交税金	50		
其他应交款	51		
预提费用	52		
一年内到期的长期负债	53		
其他流动负债	54		
流动负债合计	55		
长期负债：	56		
长期借款	57		

（续）

资产	行次	期初数	期末数
营林、事业费支出合计	19		
林木资产：	20		
林木资产	21		
长期投资：	22		
长期投资	23		
固定资产：	24		
固定资产原价	25		
减：累积折旧	26		
固定资产净值	27		
固定资产清理	28		
在建工程	29		
待处理固定资产净损失	30		
固定资产合计	31		
无形资产及递延资产：	32		
无形资产	33		
递延资产	34		
无形资产及递延资产合计	35		
其他长期资产：	36		
其他长期资产	37		
资产总计	38		

负债及所有者权益	行次	期初数	期末数
应付债券	58		
长期应付款	59		
	60		
其他长期负债	61		
其中：住房周转金	62		
	63		
长期负债合计	64		
负债合计	65		
所有者权益：	66		
实收资本	67		
资本公积	68		
盈余公积	69		
其中：公益金	70		
未分配利润	71		
林木资本	72		
所有者权益合计	73		
	74		
	75		
	76		
负债及所有者权益总计	77		

表 6-10 森林资源资产负债（森林资源资产负债 02 表）

单位：元

资产	行次	期初数	期末数	负债及所有者权益	行次	期初数	期末数
流动资产：	1			流动负债：	41		
货币资金	2			短期借款	42		
短期投资	3			应付票据	43		
应付账款	4			应付账款	44		
预付账款	5			预收款项	45		
其他应收款	6			育林基金	46		
待摊费用	7			拨入事业费	47		
待处理财产损益	8			专项应付款	48		
流动资产合计	9			其他应付款	49		
固定资产：	10			应付工资	50		
在建工程	11			国家投入	51		
长期投资	12			未交税金	52		
固定资产合计	13			应付林木损失费	53		
森源资产：	14			其他流动负债	54		
森源资产	15		8979836061.30	流动负债合计	55		
林木资产	16		6540245714.30	长期负债：	56		
林地资产	17		2316671147.00	长期借款	57		
林产品资产	18		122919200.00	应付债券	58		
非培育资产	19			其他长期负债	59		
应补森源资产：	20			长期负债合计	60		

（续）

资产	行次	期初数	期末数
应补森源资产	21		
应补林木资产款	22		
应补林地资产款	23		
应补林湿地资产款	24		
应补非培育资产款	25		
	26		
生量林木资产：	27		
生量林木资产	28		
无形及递延资产：	29		
无形资产	30		
递延资产	31		
无形及递延资产合计	32		
	33		
	34		
	35		
	36		
	37		
	38		
	39		
资产总计	40		8979836061.30

负债及所有者权益	行次	期初数	期末数
负债合计	61		
应付资源资本：	62		
应付资源资源资本	63		
应付林木资本	64		
应付林地资本	65		
应付湿地资本	66		
应付非培育资本	67		
所有者权益：	68		
实收资本	69		
森林资本	70		8979836061.30
林木资本	71		6540245714.30
林地资本	72		2316671147.00
林产品资本	73		122919200.00
非培育资本	74		
生量林木资本	75		
资本公积	76		
盈余公积	77		
未分配利润	78		
所有者权益合计	79		
负债及所有者权益总计	80		8979836061.30

表 6-11 森林生态系统服务功能资产负债（森林生态系统服务功能资产负债 03 表）

单位：元

资产	行次	期初数	期末数
流动资产：	1		
流动资产：	1		
货币资金	2		
短期投资	3		
应收账款	4		
预收款项	5		
其他应收款	6		
待摊费用	7		
流动资产合计	8		
无形及递延资产：	9		
无形资产	10		
递延资产	11		
无形及递延资产合计	12		
固定资产：	13		
长期投资	14		
其他资产	15		
固定资产合计	16		
生态资产：	17		
生态资产	18		26440682691.11

负债及所有者权益	行次	期初数	期末数
流动负债：	75		
流动负债：	75		
短期借款	76		
应付账款	77		
预收款项	78		
专项应付款	79		
其他应付款	80		
应付工资	81		
未交税金	82		
应付票据	83		
国家投入	84		
应付林木损失费	85		
其他流动负债	86		
拨入事业费	87		
流动负债合计	88		
长期负债：	89		
长期借款	90		
应付债券	91		
	92		

（续）

资产	行次	期初数	期末数	负债及所有者权益	行次	期初数	期末数
涵养水源	19		90677727520.74	长期应付款	93		
保育土壤	20		1963772173.65	其他长期负债	94		
固碳释氧	21		6501216717.24	长期负债合计	95		
林木积累营养物质	22		394500623.25	负债合计	96		
净化大气环境	23		3420626886.40	应付生态资本：	97		
生物多样性保护	24		3831365816.95	应付生态资本	98		
森林防护	25		61472951.88	涵养水源	99		
森林游憩	26		12000000000.00	保育土壤	100		
提供林产品	27			固碳释氧	101		
其他生态服务功能	28			林木积累营养物质	102		
生量生态资产：	29			净化大气环境	103		
生量生态资产	30			生物多样性保护	104		
涵养水源	31			森林防护	105		
保育土壤	32			森林游憩	106		
固碳释氧	33			提供林产品	107		
林木积累营养物质	34			其他生态服务功能	108		
净化大气环境	35			所有者权益：	109		
生物多样性保护	36			实收资本	110		
森林防护	37			资本公积	111		
森林游憩	38			盈余公积	112		

（续）

资产	行次	期初数	期末数	负债及所有者权益	行次	期初数	期末数
提供林产品	39			未分配利润	113		
其他生态服务功能	40			生态资本	114		26440682690.11
生态交易资产：	41			涵养水源	115		9067727520.74
生态交易资产	42			保育土壤	116		1963772173.65
涵养水源	43			固碳释氧	117		6501216717.24
保育土壤	44			林木积累营养物质	118		39450623.25
固碳释氧	45			净化大气环境	119		3420626886.40
林木积累营养物质	46			生物多样性保护	120		3831365816.95
净化大气环境	47			森林防护	121		61472951.88
生物多样性保护	48			森林游憩	122		1200000000.00
森林防护	49			提供林产品	123		
森林游憩	50			其他生态服务功能	124		
提供林产品	51			生量生态资本	125		
其他生态服务功能	52			涵养水源	126		
应补生态资产：	53			保育土壤	127		
应补生态资产	54			固碳释氧	128		
涵养水源	55			林木积累营养物质	129		
保育土壤	56			净化大气环境	130		
固碳释氧	57			生物多样性保护	131		
林木积累营养物质	58			森林防护	132		

（续）

资产	行次	期初数	期末数
净化大气环境	59		
生物多样性保护	60		
森林防护	61		
森林游憩	62		
提供林产品	63		
其他生态服务功能	64		
	65		
	66		
	67		
	68		
	69		
	70		
	71		
	72		
	73		
资产合计	74		26440682690.11

负债及所有者权益	行次	期初数	期末数
森林游憩	133		
提供林产品	134		
其他生态服务功能	135		
生态交易资本	136		
涵养水源	137		
保育土壤	138		
固碳释氧	139		
林木积累营养物质	140		
净化大气环境	141		
生物多样性保护	142		
森林防护	143		
森林游憩	144		
提供林产品	145		
其他生态服务功能	146		
所有者权益合计	147		26440682690.11
负债及所有者权益总计	148		26440682690.11

表6-12 资产负债（综合资产负债04表）

单位：元

资产	行次	期初数	期末数	负债及所有者权益	行次	期初数	期末数
流动资产：				流动负债：			
货币资金	1			短期借款	100		
短期投资	2			应付票据	101		
应收票据	3			应付账款	102		
应收账款	4			预收款项	103		
减：坏账准备	5			育林基金	104		
应收账款净额	6			拨入事业费	105		
预付款项	7			专项应付款	106		
应收补贴款	8			其他应付款	107		
其他应收款	9			应付工资	108		
存货	10			应付福利费	109		
待摊费用	11			未交税金	110		
待处理流动资产净损失	12			其他应交款	111		
一年内到期的长期债券投资	13			预提费用	112		
其他流动资产	14			一年内到期的长期负债	113		
	15			国家投入	114		
	16			育林基金	115		
	17			其他流动负债	116		
流动资产合计	18			应付林木损失费	117		
营林，事业费支出：	19				118		

（续）

资产	行次	期初数	期末数	负债及所有者权益	行次	期初数	期末数
营林成本	20			流动负债合计	119		
事业费支出	21			应付森源资本：	120		
营林、事业费支出合计	22			应付森源资本	121		
森源资产：	23			应付林木资本款	122		
森源资产	24		8979836061.30	应付林地资本款	123		
林木资产	25		6540245714.30	应付湿地资本款	124		
林地资产	26		2316671147.00	应付培育资本款	125		
林产品资产	27		122919200.00	应付生态资本：	126		
培育资产	28			应付生态资本	127		
应朴森源资产：	29			涵养水源	128		
应朴森源资产款	30			保育土壤	129		
应朴林木资产款	31			固碳释氧	130		
应朴林地资产款	32			林木积累营养物质	131		
应朴湿地资产款	33			净化大气环境	132		
应朴非培育资产款	34			生物多样性保护	133		
生量木资产：	35			森林防护	134		
生量木资产	36			森林游憩	135		
应朴生态资产：	37			提供林产品	136		
应朴生态资产	38			其他生态服务功能	137		
涵养水源	39			长期负债：	138		
保育土壤	40			长期借款	139		

（续）

资产	行次	期初数	期末数	负债及所有者权益	行次	期初数	期末数
固碳释氧	41			应付债券	140		
林木积累营养物质	42			长期应付款	141		
净化大气环境	43			其他长期负债	142		
生物多样性保护	44			长期发债负债	143		
森林防护	45			其中：住房周转金	144		
森林游憩	46			负债合计	145		
提供林产品	47			所有者权益：	146		
其他生态服务功能	48			实收资本	147		
生态交易资产：	49			资本公积	148		
生态交易资产	50			盈余公积	149		
涵养水源	51			未分配利润	150		
保育土壤	52			其中：公益金	151		
固碳释氧	53			生量林木资本	152		
林木积累营养物质	54			生态资本	153		26440682690.11
净化大气环境	55			涵养水源	154		9067727520.74
生物多样性保护	56			保育土壤	155		1963772173.65
森林防护	57			固碳释氧	156		6501216717.24
森林游憩	58			林木积累营养物质	157		394500623.25
提供林产品	59			净化大气环境	158		3420626886.40
其他生态服务功能	60			生物多样性保护	159		3831365816.95
生态资产：	61			森林防护	160		61472951.88

（续）

资产	行次	期初数	期末数	负债及所有者权益	行次	期初数	期末数
生态资产	62			森林游憩	161		120000000000.00
涵养水源	63		26440682690.11	提供林产品	162		
保育土壤	64		90677727520.74	其他生态服务功能	163		
固碳释氧	65		19637772173.65	森源资本	164		8979836061.30
林木积累营养物质	66		6501216717.24	林木资本	165		6540245714.30
净化大气环境	67		394500623.25	林地资本	166		2316671147.00
生物多样性保护	68		3420622886.40	林产品资本	167		122919200.00
森林防护	69		38313365816.95	非培育资本	168		
森林游憩	70		61472951.88	生态交易资本	169		
提供林产品	71		120000000000.00	涵养水源	170		
其他生态服务功能	72			保育土壤	171		
生量生态资产：	73			固碳释氧	172		
生量生态资产	74			林木积累营养物质	173		
涵养水源	75			净化大气环境	174		
保育土壤	76			生物多样性保护	175		
固碳释氧	77			森林防护	176		
林木积累营养物质	78			森林游憩	177		
净化大气环境	79			提供林产品	178		
生物多样性保护	80			其他生态服务功能	179		
森林防护	81			生量生态资本	180		
森林游憩	82			涵养水源	181		

（续）

资产	行次	期初数	期末数
提供林产品	83		
其他生态服务功能	84		
长期投资:	85		
长期投资	86		
固定资产:	87		
固定资产原价	88		
减：累积折旧	89		
固定资产净值	90		
固定资产清理	91		
在建工程	92		
待处理固定资产净损失	93		
固定资产合计	94		
无形资产及递延资产:	95		
递延资产	96		
无形资产	97		
无形资产及递延资产合计	98		
资产总计	99		35420518752.41

负债及所有者权益	行次	期初数	期末数
保育土壤	182		
固碳释氧	183		
林木积累营养物质	184		
净化大气环境	185		
生物多样性保护	186		
森林防护	187		
森林游憩	188		
提供林产品	189		
其他生态服务功能	190		
	191		
	192		
	193		
	194		
	195		
	196		
所有者权益合计	197		35420518752.41
负债及所有者权益总计	198		35420518752.41

参考文献

济南市水利局．2011．2011 济南市水资源公报 [R]．

济南市统计局．2016．济南统计年鉴 2015[M]．北京：中国统计出版社．

济南市统计局，国家统计局济南调查队．2016．2015 年济南市国民经济和社会发展统计公报 [R]．

济南市统计局，国家统计局济南调查队．2014．济南统计年鉴 2013[M]．北京：中国统计出版社．

济南市人民政府．2016．济南市落实水污染防治行动计划实施方案 [Z]．06-30．

济南市人民政府．2016．济南市湿地保护条例 [Z]．01-25．

山东省水利厅．2013．山东省第一次水利普查公报 2013[R]．

山东省水利厅．2016．山东省水资源公报 2015[R]．

山东省统计局．2016．山东统计年鉴 2016[M]．北京：中国统计出版社．

山东省环境保护厅．2014．2014 年山东省环境状况公报 [R]．

山东省统计局，国家统计局山东调查总队．2016．2015 年山东省国民经济和社会发展统计公报 [R]．

山东省人民政府．2014．山东省 2014-2015 年节能减排低碳发展行动实施方案 [2]．10-14．

山东省发展与改革委员会．2016．山东投资 16．4 亿支持济南等 7 城市群大气污染防治 [R]．

国家发展和改革委员会能源研究所．2003．中国可持续发展能源暨碳排放情景分析 [R]．

国家环保部．2002，2011．中国环境统计年报 2002、2011[M]．北京：中国统计出版社．

国家林业局．2003．森林生态系统定位观测指标体系 (LY/T1606—2003)[S]．4-9．

国家林业局．2004．国家森林资源连续清查技术规定 [S]．5-51．

国家林业局．2005．森林生态系统定位研究站建设技术要求 (LY/T1626—2005)[S]．6-16．

国家林业局．2007a．干旱半干旱区森林生态系统定位监测指标体系 (LY/T1688—2007)[S]．3-9．

国家林业局．2007b．暖温带森林生态系统定位观测指标体系 (LY/T1689—2007) [S]．3-9．

国家林业局．2008a．国家林业局陆地生态系统定位研究网络中长期发展规划 (2008 ～ 2020 年)[S]．62-63．

国家林业局．2008b．寒温带森林生态系统定位观测指标体系 (LY/T1722—2008)[S]．1-8．

国家林业局．2008c．森林生态系统服务功能评估规范 (LY/T1721—2008)[S]．3-6．

国家林业局．2010a．森林生态系统定位研究站数据管理规范 (LY/T1872—2010)[S]．3-6．

国家林业局．2010b．森林生态站数字化建设技术规范 (LY/T1873—2010)[S]．3-7．

国家林业局．2011．森林生态系统长期定位观测方法 (LY/T 1952—2011)[S]．1-121．

国家林业局．2015．退耕还林工程生态效益监测评估国家报告 (2014)[M]．北京：中国林业出版社．

国家统计局．2016．中国统计年鉴 2016 [M]．北京：中国统计出版社．

中国森林生态系统定位研究网络．2007．河南省森林生态系统服务功能及其效益评估 [R]．

中国森林生态系统定位研究网络．2012．吉林省森林生态系统服务功能及其效益评估 [R]．

中国森林资源核算及纳入绿色 GDP 研究项目组．2004．绿色国民经济框架下的中国森林资源核算研究 [M]．北京：中国林业出版社．

中国森林资源核算研究项目组．2015．生态文明制度构建中的中国森林资源核算研究 [M]．北京：中国林业出版社．

中国生物多样性研究报告编写组．1998．中国生物多样性国情研究报告 [M]．北京：中国环境科学出版社．

中华人民共和国水利部．2014．2014 年中国水土保持公报 [R]．

国家发展与改革委员会能源研究所（原：国家计委能源所）．1999．能源基础数据汇编 (1999)[G]．16．

中国国家标准化管理委员会．2008．综合能耗计算通则（GB2589—2008）[S]．北京：中国标准出版社．

王兵，丁访军．2012．森林生态系统长期定位研究标准体系 [M]．北京：中国林业出版社．

王兵，鲁绍伟．2009．中国经济林生态系统服务价值评估 [J]．应用生态学报，20(2)：417-425．

王兵，宋庆丰．2012．森林生态系统物种多样性保育价值评估方法 [J]．北京林业大学学报，34(2)：157-160．

王兵，魏江生，胡文．2011．中国灌木林—经济林—竹林的生态系统服务功能评估 [J]．生态学报，31(7)：1936-1945．

王兵，丁访军．2010．森林生态系统长期定位观测标准体系构建 [J]．北京林业大学学报．32(6)：141-145．

王兵．2015．森林生态连清技术体系构建与应用 [J]．北京林业大学学报，37(1)：1-8．

苏志尧．1999．植物特有现象的量化 [J]．华南农业大学学报，20(1)：92-96．

蔡炳华，王兵，等．2014．黑龙江省森林与湿地生态系统服务功能研究 [M]．哈尔滨：东北林业大学出版社．

郭浩，王兵，马向前，等．2008．中国油松林生态服务功能评估 [J]．中国科学 (C 辑)，38(6)：565-572．

潘勇军．2013．基于生态 GDP 核算的生态文明评价体系构建 [D]．北京：中国林业科学研究院．

张永利，杨锋伟，王兵，等．2010．中国森林生态系统服务功能研究 [M]．北京：科学出版社．

房瑶瑶．森林调控空气颗粒物功能及其与叶片微观结构关系的研究——以陕西省关中地区森林为例 [D]．北京：中国林业科学研究院，2015．

房瑶瑶，王兵，牛香．2015．陕西省关中地区主要造林树种大气颗粒物滞纳特征[J]．生态学杂志，34(6)：1516-1522．

郭慧．2014．森林生态系统长期定位观测台站布局体系研究 [D]．北京：中国林业科学研究院．

李少宁，王兵，郭浩，等．2007．大岗山森林生态系统服务功能及其价值评估 [J]．中国水土保持科学，5(6)：58-64．

牛香．2012．森林生态效益分布式测算及其定量化补偿研究——以广东和辽宁省为例 [D]．北京：北京林业大学．

牛香，宋庆丰，王兵，等．2013．黑龙江省森林生态系统服务功能 [J]．东北林业大学学报，41(8)：36-41．

牛香，王兵．2012．基于分布式测算方法的福建省森林生态系统服务功能评估 [J]．中国水土保持科学，10(2)：36-43．

任军，宋庆丰，山广茂，等．2016．黑龙江省森林生态连清与生态系统服务研究 [M]．北京：中国林业出版社．

宋庆丰．2015．中国近 40 年森林资源变迁动态对生态功能的影响研究 [D]．北京：中国林业科学研究院．

张维康．2016．北京市主要树种滞纳空气颗粒物功能研究 [D]．北京：北京林业大学．

夏尚光，牛香，苏守香，等．2016．安徽省森林生态连清与生态系统服务研究 [M]．北京：中国林业出版社．

杨国亭，王兵，殷彤，等．2016．黑龙江省森林生态连清与生态系统服务研究 [M]．北京：中国林业出版社．

中国新闻网．2017-02-16．http：//www.chinanews.com/ny/2017/02-16/8151742.shtml

潘俊强．2015．山东设专项资金防治水污染 [N]．人民日报，05-13．

李小梦．2016."十三五"济南湿地保护上新高度力争国家湿地公园 [N]．济南日报，20-02．

刘坤．2015．济南去年治理水土流失面积 120 平方公里 [N]．济南日报，01-22．

卢明．2015．南部山区非法采石留下道道疤痕 今年想修复 4 处却全遭延期 [N]．济南时报，09-07．

王海红 等．2013．山东投入 4．1 亿元治理水污染 [N]．大众日报．03-15．

Ali A A, Xu C, Rogers A, et al. 2015.Global-scale environmental control of plant photosynthetic capacity [J]. Ecological Applications, 25(8): 2349-2365.

Bellassen V, Viovy N, Luyssaert S, et al.2011. Reconstruction and attribution of the carbon sink of European forests between 1950 and 2000[J]. Global Change Biology,17(11): 3274-3292.

benefits. Scandinavian Journal of Forest Research, DOI: 10.1080/02827581.2013.856936.

Calzadilla P I, Signorelli S, Escaray F J, et al.2016. Photosynthetic responses mediate the adaptation of two Lotus japonicus ecotypes to low temperature[J]. Plant Science,250: 59-68.

Carroll C, Halpin M, Burger P, et al. 1997.The effect of crop type, crop rotation, and tillage practice on runoff and soil loss on a Vertisol in central Queensland. Australian Journal of Soil Research,35(4): 925-939.

Costanza R，D Arge R，Groot R.，et al．The Value of the World's ecosystem services and natural capital[J]．Nature，1997，387(15)：253-260.

Daily G C, ed．1997．Nature's services：Societal dependence on natural ecosystems[M]．Washington DC：Island Press.

Dan Wang, Bing Wang, Xiang Niu. 2013. Forest carbon sequestration in China and its

development. China E-Publishing, 4: 84-91.

Fang J Y，Chen A P，Peng C H，et al．2001．Changes in forest biomass carbon storage in China between 1949 and 1998[J]．Science，292：2320-2322.

Fang J Y，Wang G G，Liu G H，et al．1998．Forest biomass of China：An estimate based on the biomass-volume relationship[J]．Ecological Applications，8(4)：1084-1091.

Feng Ling，Cheng Shengkui，Su Hua，et al．2008．A theoretical model for assessing the sustainability of ecosystem services[J]．Ecological Economy，4：258-265.

Gilley J E, Risse L M.2000. Runoff and soil loss as affected by the application of manure. Transactions of theAmerican Society ofAgricultural Engineers, 43(6): 1583-1588.

Goldstein A，Hamrick K．2013．A Report by Forest Trends' Ecosystem Marketplace[R].

Gower S T，Mc Murtrie R E，Murty D．1996．Aboveground net primary production decline with stand age：potential causes[J]．Trends in Ecology and Evolution，11(9)：378-382.

HagitAttiya. 2008.分布式计算.电子工业出版社.

IPCC．2003．Good Practice Guidance for Land Use，Land-Use Change and Forestry[R]．The Institute for Global Environmental Strategies (IGES).

IUCN，CEM World Conservation Union Commission on Ecosystem Management．2006．Biodiversity，Livelihoods[R]．IUCN，Gland，Switzerland.

Journal of Food, Agriculture & Environment, 11 (3&4): 2249-2254.

MA (Millennium Ecosystem Assessment)．2005．Ecosystem and Human Well-Being：Synthesis[M]．Washington DC：Island Press.

Murty D, McMurtrie R E.2000. The decline of forest productivity as stands age: a model-based method for analysing causes for the decline[J]. Ecological modelling,134(2): 185-205.

Nikolaev A N, Fedorov P P, Desyatkin A R.2011. Effect of hydrothermal conditions of permafrost soil on radial growth of larch and pine in Central Yakutia [J]. Contemporary Problems of Ecology, 4(2): 140-149.

Nishizono T. 2010.Effects of thinning level and site productivity on age-related changes in stand volume growth can be explained by a single rescaled growth curve[J]. Forest ecology and management,259(12): 2276-2291.

Niu X, Wang B.2014. Assessment of forest ecosystem services in China: A methodology [J]. J. of Food, Agric. and Environ,11: 2249-2254.

Niu X, Wang B, Liu S R. 2012. Economical assessment of forest ecosystem services in China : Characteristics and Implications. Ecological Complexity. 11 : 1-11

Niu X, Wang B, Wei W J. 2013. Chinese Forest Ecosystem Research Network : A platform for observing and studying sustainable forestry. Journal of Food, Agriculture & Environment. 11(2) : 1008-1016

Nowak D J, Hirabayashi S, Bodine, A, et al. 2013. Modeled PM2.5 removal by trees in ten US cities and associated health effects[J]. Environmental Pollution, 178 : 395-402.

Palmer M A, Morse J, Bernhardt E, et al. 2004. Ecology for a crowed planet. Science, 304 : 1251-1252

Post W M, Emanuel W R, Zinke P J, et al.1982.Soil carbon pools and world life zones.Nature, 298:156-159.

Smith N G, Dukes J S. 2013.Plant respiration and photosynthesis in global-scale models: incorporating acclimation to temperature and CO2 [J]. Global Change Biology,19(1): 45-63.

Song C, Woodcock C E. Monitoring forest succession with multitemporal Landsat images: Factors of uncertainty [J]. IEEE Transactions on Geoscience and Remote Sensing, 2003, 41(11): 2557-2567.

Song Q F, Wang B, Wang J S, et al. 2016. Endangered and endemic species increase forest conservation values of species diversity based on the Shannon-Wiener index[J]. iForest Biogeosciences and Forestry, doi : 10. 3832/ifor1373-008.

Sutherland W J, Armstrong-Brown S, Armsworth P R, et al. 2006. The identification of 100 ecological questions of high policy relevance in the UK. Journal of Applied Ecology, 43: 617-627.

Sutherland W J, Armstrong B S, Armsworth P R, et al. 2006. The identification of 100 ecological questions of high policy relevance in the UK[J]. Journal of Applied Ecology, 43 : 617-627.

Tekiehaimanot Z.1991.Rainfall interception and boundary conductance in relation to trees pacing. Jhydrol,123:261-278.

Wainwright J, Parsons A J, Abrahams A D. 2000.Plot-scale studies of vegetation, overland flow and erosion

interactions : case studies from Arizona and New Mexico: Linking hydrology and ecology. Hydrological processes.

Wang B, Cui X H, Yang F W. 2004.Chinese forest ecosystem research network (CFERN) and its

Wang B, Ren X X, Hu W. 2011.Assessment of forest ecosystem services value in China[J]. Scientia SilvaeSinicae, 47(2): 145-153.

Wang B，Wang D，Niu X．2013a．Past，present and future forest resources in China and the implications for carbon sequestration dynamics[J]．Journal of Food，Agriculture & Environment．11(1)：801-806．

Wang B，Wei W J，Liu C J，et al．2013b．Biomass and carbon stock in Moso Bambooforests in subtropical China：Characteristics and Implications[J]．Journal of Tropical Forest Science．25(1)：137-148．

Wang B，Wei W J，Xing Z K，et al．2012．Biomass carbon pools of cunninghamia lanceolata (Lamb.) Hook. Forests in Subtropical China：Characteristics and Potential．Scandinavian Journal of Forest Research：1-16

Wang R, Sun Q, Wang Y, et al. 2017.Temperature sensitivity of soil respiration: Synthetic effects of nitrogen and phosphorus fertilization on Chinese Loess Plateau [J]. Science of The Total Environment, 574: 1665-1673.

You W Z, Wei W J, Zhang H D. 2012. Temporal patterns of soil CO2 efflux in a temperate Korean Larch(Larix olgensis Herry.) plantation, Northeast China. Trees, DOI10.1007/s00468-013-0889-6

Woodall C W，Morin R S，Steinman J R，et al．2010．Comparing evaluations of forest health based on aerial surveys and field inventories：Oak forests in the Northern United States．Ecological Indicators，10(3)：713-718

Niu X, Wang B. 2013. Assessment of forest ecosystem services in China: A methodology.

Xue P P, Wang B, Niu X. 2013. A Simplif ied Method for Assessing Forest Health, with Application to Chinese Fir Plantat ions in Dagang Mountain, Jiangxi, China. Journal of Food, Agriculture & Environment. 11(2):1232-1238.

Zhang B, Wenhua L, Gaodi X, et al. 2010.Water conservation of forest ecosystem in Beijing and its value[J]. Ecological Economics, 69(7): 1416-1426.

Zhang W K, Wang B, Niu X. 2015.Study on the adsorption capacities for airborne particulates of landscape plants in different polluted regions in Beijing (China) [J]. International journal of environmental research and public health,12(8): 9623-9638.

名词术语

生态文明

生态文明是指人类遵循人与自然、与社会和谐协调，共同发展的客观规律而获得的物质文明与精神文明成果，是人类物质生产与精神生产高度发展的结晶，是自然生态和人文生态和谐统一的文明形态。

生态系统功能

生态系统的自然过程和组分直接或间接地提供产品和服务的能力，包括生态系统服务功能和非生态系统服务功能。

生态系统服务

生态系统中可以直接或间接地为人类提供的各种惠益，生态系统服务建立在生态系统功能的基础之上。

生态系统服务转化率

生态系统实际所发挥出来的服务功能占潜在服务功能的比率，通常用百分比（%）表示。

森林生态效益定量化补偿

政府根据森林生态效益的大小对生态系统服务提供者给予的补偿。

森林生态系统服务功能全指标体系连续观测与清查技术体系（简称：森林生态连清）

森林生态系统服务全指标体系连续观测与清查（简称森林生态连清）是以生态地理区划为单位，以国家现有森林生态站为依托，采用长期定位观测技术和分布式测算方法，定期对同一森林生态系统服务进行重复的全指标体系观测与清查，它与国家森林资源连续清查耦合，用以评价一定时期内森林生态系统的服务，以及进一步了解森林生态系统的动态变化。这是生态文明建设赋予林业行业的最新使命和职能，同时可为国家生态建设发挥重要支撑作用。

森林生态功能修正系数（FEF-CC）

基于森林生物量决定林分的生态质量这一生态学原理，森林生态功能修正系数是指评估林分生物量和实测林分生物量的比值。反映森林生态服务评估区域森林的生态质量状况，还可以通过森林生态功能的变化修正森林生态系统服务的变化。

贴现率

又称门槛比率，指用于把未来现金收益折合成现在收益的比率。

绿色 GDP

在现行 GDP 核算的基础上扣除资源消耗价值和环境退化价值。

生态 GDP

在现行 GDP 核算的基础上，减去资源消耗价值和环境退化价值，加上生态系统的生态效益，也就是在绿色 GDP 核算体系的基础上加入生态系统的生态效益。

附 表

表1 IPCC 推荐使用的木材密度（D）

单位：t 干物质 / m³ 鲜材积

气候带	树种组	D	气候带	树种组	D
北方生物带、温带	冷杉	0.40	热带	陆均松	0.46
	云杉	0.40		鸡毛松	0.46
	铁杉柏木	0.42		加勒比松	0.48
	落叶松	0.49		楠木	0.64
	其他松类	0.41		花榈木	0.67
	胡桃	0.53		桃花心木	0.51
	栎类	0.58		橡胶	0.53
	桦木	0.51		楝树	0.58
	槭树	0.52		椿树	0.43
	樱桃	0.49		柠檬桉	0.64
	其他硬阔类	0.53		木麻黄	0.83
	椴树	0.43		含笑	0.43
	杨树	0.35		杜英	0.40
	柳树	0.45		猴欢喜	0.53
	其他软阔类	0.41		银合欢	0.64

资料来源：引自 IPCC（2003）。

表2 不同树种组单木生物量模型及参数

序号	公式	树种组	建模样本数	模型参数	
				a	b
1	$B/V=a(D^2H)^b$	杉木类	50	0.788432	− 0.069959
2	$B/V=a(D^2H)^b$	马尾松	51	0.343589	0.058413
3	$B/V=a(D^2H)^b$	南方阔叶类	54	0.889290	− 0.013555
4	$B/V=a(D^2H)^b$	红松	23	0.390374	0.017299
5	$B/V=a(D^2H)^b$	云冷杉	51	0.844234	− 0.060296
6	$B/V=a(D^2H)^b$	落叶松	99	1.121615	− 0.087122
7	$B/V=a(D^2H)^b$	胡桃楸、黄檗	42	0.920996	− 0.064294
8	$B/V=a(D^2H)^b$	硬阔叶类	51	0.834279	− 0.017832
9	$B/V=a(D^2H)^b$	软阔叶类	29	0.471235	0.018332

资料来源：引自李海奎和雷渊才（2010）。

表 3　IPCC 推荐使用的生物量转换因子（*BEF*）

编号	*a*	*b*	森林类型	R^2	备注
1	0.46	47.50	冷杉、云杉	0.98	针叶树种
2	1.07	10.24	桦木	0.70	阔叶树种
3	0.74	3.24	木麻黄	0.95	阔叶树种
4	0.40	22.54	杉木	0.95	针叶树种
5	0.61	46.15	柏木	0.96	针叶树种
6	1.15	8.55	栎类	0.98	阔叶树种
7	0.89	4.55	桉树	0.80	阔叶树种
8	0.61	33.81	落叶松	0.82	针叶树种
9	1.04	8.06	樟木、楠木、槠、青冈	0.89	阔叶树种
10	0.81	18.47	针阔混交林	0.99	混交树种
11	0.63	91.00	檫木、阔叶混交林	0.86	混交树种
12	0.76	8.31	杂木	0.98	阔叶树种
13	0.59	18.74	华山松	0.91	针叶树种
14	0.52	18.22	红松	0.90	针叶树种
15	0.51	1.05	马尾松、云南松、思茅松	0.92	针叶树种
16	1.09	2.00	樟子松、赤松	0.98	针叶树种
17	0.76	5.09	油松	0.96	针叶树种
18	0.52	33.24	其他松类和针叶树	0.94	针叶树种
19	0.48	30.60	杨树	0.87	阔叶树种
20	0.42	41.33	铁杉、柳杉、油杉	0.89	针叶树种
21	0.80	0.42	热带雨林	0.87	阔叶树种

资料来源：引自 Fang 等（2001）。

表 4　济南森林生态系统服务评估社会公共数据表（2015 年推荐使用价格）

编号	名称	单位	出处值	2015年数值	来源及依据
1	水库建设单位库容投资	元/立方米	6.32	6.89	中华人民共和国审计署，2013年第23号公告：长江三峡工程竣工财务决算审计结果，三峡工程动态总投资合计2485.37×10⁸元；三峡工程竣工财务决算草案审计结果，总库容393×10⁸立方米。济南正常蓄水位高程175米；水库正常蓄水位高程175米。贴现至2015年
2	水的净化费用	元/吨	4.20	4.20	济南市居民用自来水现行水价，来源于济南市物价局官方网站
3	挖取单位面积土方费用	元/立方米	46.20	46.20	根据2002年黄河水利出版社出版《中华人民共和国水利部水利建筑工程预算定额》（上册）中人工挖土方I和II类土方每100立方米需42工时，人工费依据济南市《人工费定额济建标字〔2015〕1号文》取110元/工日
4	磷酸二铵含氮量	%	16.00	16.00	
5	磷酸二铵含磷量	%	48.00	48.00	化肥产品说明
6	氯化钾含钾量	%	55.00	55.00	
7	磷酸二铵化肥价格	元/吨	3160.00	3160.00	来源于济南市物价局官方网站2015年磷酸二铵、氯化钾化肥年均零售价格
8	氯化钾化肥价格	元/吨	2730.00	2730.00	
9	有机质价格	元/吨	800.00	800.00	有机质价格根据中国供应商网（http://cn.china.cn/）2015年济南鸡粪等有肥平均价格
10	固碳价格	元/吨	855.40	917.18	采用2013年瑞典碳价税价格：136美元/吨二氧化碳，人民币对美元汇率按照2013年平均汇率6.2897计算，贴现至2015年
11	制造氧气价格	元/吨	4826.67	4826.67	根据中国供应商官网（http://cn.china.cn/）2015年济南医用氧气市场价格。40L规格储气量为5800升，氧气的密度为1.429克/升，零售价格为40元
12	负离子生产费用	元/10¹⁸个	7.96	7.96	负离子企业生产的适用范围（房间高3米，功率为6瓦，使用寿命为10年，价格每个65元的KLD-2000型负离子发生器而推断获得，负离子浓度1000000个/立方米，其中负离子生产10分钟；根据济南市电网官方网站济南市电网销售电价，居民生活用电现行价格为0.5469元/千瓦时
13	二氧化硫治理费用	元/千克	1.26	1.26	依据国家发改委、财政部、国家环境保护部、国家经贸委令第31号、山东省财政厅，物价局，环保局财综〔2003〕586号，财政部、国家发改委、国家环境保护部财综〔2003〕38号；山东省物价局、财政厅、环保局皖价行〔2008〕111号。价格从物价局官网发布之日起沿用至2015年
14	氟化物治理费用	元/千克	0.69	0.69	
15	氮氧化物治理费用	元/千克	0.63	0.63	
16	降尘清理费用	元/千克	0.15	0.15	

编号	名称	单位	出处值	2015年数值	来源及依据
17	PM$_{10}$所造成健康危害经济损失	元/千克	28.30	30.34	根据David等（2013）Modeled PM$_{2.5}$ removal by trees in ten U.S. cities and associated health effects对美国10个城市绿色植被吸附空气颗粒物对健康价值影响的研究中，每吨PM$_{10}$和PM$_{2.5}$所造成健康危害经济损失平均分别为4500美元和69748.88美元。其中，价值贴现至2015年，人民币对美元汇率按照2013年平均汇率6.2897计算
18	PM$_{2.5}$所造成健康危害经济损失	元/千克	4350.89	4665.12	
19	草方格固沙成本	元/吨	—	23.67	根据《草方格沙障治沙技术》计算得出，铺设1米×1米规格的草方格沙障，每公顷使用麦秸6000千克，每千克麦秸0.4元，即2400元/公顷，人工费依据《建设1米×1米规格的草方格沙障，用工量245个工（日），人工费清单计价》取100元/工日，即24500元/公顷，另草方格维护成本150元/公顷，合计27050元/公顷。根据《沙坡头人工植被防护林体系防风固沙功能价值评价》，1米×1米规格的草方格沙障每公顷固沙1142.85吨，即23.67元/吨
20	小麦价格	元/千克	2.30	2.30	根据中国粮油信息网济南市2015年小麦均价
21	生物多样性保护价值	元/（公顷·年）	—	—	根据Shannon-Wiener指数计算生物多样性保护价值，采用2008年价格，即： Shannon-Wiener指数<1时，S$_{生}$为3000[元/（公顷·年）]； 1≤Shannon-Wiener指数<2，S$_{生}$为5000[元/（公顷·年）]； 2≤Shannon-Wiener指数<3，S$_{生}$为10000[元/（公顷·年）]； 3≤Shannon-Wiener指数<4，S$_{生}$为20000[元/（公顷·年）]； 4≤Shannon-Wiener指数<5，S$_{生}$为30000[元/（公顷·年）]； 5≤Shannon-Wiener指数<6，S$_{生}$为40000[元/（公顷·年）]； Shannon-Wiener指数≥6时，S$_{生}$为50000[元/（公顷·年）]。通过贴现率贴现至2015年价格

附 件 相关媒体报道

一项开创性的里程碑式研究
——探寻中国森林生态系统服务功能研究足迹

导 读

生态和环境问题已经成为阻碍当今经济社会发展的瓶颈。作为陆地生态系统主体的森林，在给人类带来经济效益的同时，创造了巨大的生态效益，并且直接影响着人类的福祉。

在全球森林面积锐减的情况下，中国却保持着森林面积持续增长的态势，并成为全球森林资源增长最快的国家，这种增长主要体现在森林面积和蓄积量的"双增长"。

森林究竟给人类带来了哪些生态效益？这些生态效益又是如何为人类服务的？如何做到定性与定量相结合的评价？林业研究者历时4年多，在全国31个省（区、市）林业、气象、环境等相关领域及部门的配合下，近200人参与完成了中国森林生态系统服务功能价值测算，对森林的涵养水源、保育土壤、固碳释氧、积累营养物质、净化大气环境和生物多样性保护共6项生态系统服务功能进行了定量评价。此项研究成果，不仅真实地反映了林业的地位与作用、林业的发展与成就，更为整个社会在发展与保护之间寻求平衡点、建立生态效益补偿机制提供了科学依据。"中国森林生态系统服务功能研究"成果自发布以来，备受国内外学术界关注。

十八大报告中指出，加强生态文明制度建设，要把资源消耗、环境损害、生态效益纳入经济社会发展评价体系，建立体现生态文明要求的目标体系、考核办法、奖惩机制。其中，对生态效益的评价，指的就是对生态系统服务功能的评价。

林业研究者历时4年多从事的森林生态系统服务功能研究，不但让人们直观地认识到森林给人类带来的生态效益的大小，而且从更高层面上讲，推动了绿色GDP核算，推进了经济社会发展评价体系的完善。在中国，这项研究被称为里程碑式的研究。

这项研究由中国林业科学研究院森林生态环境与保护研究所首席专家王兵研究员牵头完成。这项成果主要在江西大岗山森林生态站这个研究平台上孕育孵化而来，并在全体中国森林生态系统定位研究网络（CFERN）工作人员的齐心协力下共同完成的。

这项研究的意义远不止如此。

日前，中国研究者关于《中国森林生态系统服务功能评估的特点与内涵》的论文发表在美国《生态复杂性》期刊上。业内人士普遍认为，这对中国乃至全球生态系统服务功能研究均具有重要的借鉴意义。

在系统研究森林生态系统服务功能方面，同样具有借鉴和指导意义的还有已经出版发行的《中国森林生态服务功能评估》《中国森林生态系统服务功能研究》。此外，这方面的中文文章也发表甚多，其中《中国经济林生态系统服务价值评估》一文发表在60种生物学类期刊中排名第二位的《应用生态学报》上，文章获得了被引频30次（CNKI）、排名第九的殊荣。

中国森林生态系统服务功能研究到底是一项怎样的研究，为何受到国内外学者的广泛关注？让我们跟随林业研究者的足迹，详实了解其研究过程以及取得的研究成果，通过这笔科学财富达到真正认识森林生态系统、保护森林生态系统的目的。

以指标体系为基础

指标体系的构建是评估工作的基础和前提。随着人类对生态系统服务功能不可替代性认识的不断深入，生态系统服务功能的研究逐步受到人们的重视。

根据联合国千年生态系统评估指标体系选取的"可测度、可描述、可计量"准则，国家林业局和中国林科院未雨绸缪，在开展森林生态系统服务功能研究之前，就已形成了全国林业系统的行业标准，这就是《森林生态系统服务功能评估规范》（LY/T 1721—2008）。这个标准所涉及的森林生态系统服务功能评估指标内涵、外延清楚明确，计算公式表达准确。一套科学、合理、具有可操作性的评估指标体系应运而生。

以数据来源为依托

俗话说"巧妇难为无米之炊"，没有详实可靠的数据，评估工作就无法开展。这项评估工作采用的数据源主要来自森林资源数据、生态参数、社会公共数据。

森林资源数据主要来源于第七次全国森林资源清查，从2004年开始，到2008年结束，历时5年。这次清查参与技术人员两万余人，采用国际公认的"森林资源连续清查"方法，以数理统计抽样调查为理论基础，以省（区、市）为单位进行调查。全国共实测固定样地41.50万个，判读遥感样地284.44万个，获取清查数据1.6亿组。

生态参数来源于全国范围内50个森林生态站长期连续定位观测的数据集，目前生态站已经发展到75个。这项数据集的获取主要是依照中华人民共和国林业行业标准LY/T1606-2003森林生态系统定位观测指标体系进行观测与分析而获得的。

社会公共数据来源于我国权威机构所公布的数据。

以评估方法为支撑

运用正确的方法评价森林生态系统服务功能的价值尤为重要，因为它是如何更好地管理森林生态系统的前提。

如果说 20 世纪的林业面对的是简单化系统、生产木材及在林分水平的管理，那么 21 世纪的林业可以认为是理解和管理森林的复杂性、提供不同种类的生态产品和服务、在景观尺度进行的管理。同样是森林，由于其生长环境、林分类型、林龄结构等不同，造成了其发挥的森林生态系统服务功能也有所不同。因此，研究者在评估的过程中采用了分布式测算方法。

这是一种把一项整体复杂的问题分割成相对独立的单元进行测算，然后再综合起来的科学测算方法。这种方法主要将全国范围内、除港澳台地区的 31 个省级行政区作为一级测算单元，并将每一个一级测算单元划分为 49 个不同优势树种林分类型作为二级测算单元，按照不同林龄又可将二级测算单元划分为幼龄林、中龄林、近熟林、成熟林和过熟林 5 个三级测算单元，最终确立 7020 个评估测算单元。与其他国家尺度及全球尺度的生态效益评估相比，中国在这方面采用如此系统的评估方法尚属首次。

以服务人类为目标

生态系统服务功能与人类福祉密切相关。中国林科院的研究人员通过 4 年多的努力，终于摸清了"家底"，首次认识到中国森林所带给人类的生态效益。如果将这些研究出来的数字生硬地摆在大众面前，很难让人们认识到森林的巨大作用。

聪明的研究人员将这些数字形象化的对比分析后，人们顿时茅塞顿开。2010 年召开的中国森林生态服务评估研究成果新闻发布会上，公布了中国森林生态系统服务功能的 6 项总价值为每年 10 万亿元，大体上相当于目前我国 GDP 总量 30 万亿元的 1/3。其中，年涵养水源量为 4947.66 亿立方米，相当于 12 个三峡水库 2009 年蓄水至 175 米水位后库容量；年固土量达到 70.35 亿吨，相当于全国每平方公里土地减少 730 吨土壤流失，如按土层深度 40 厘米计算，每年森林可减少土地损失 351.75 万公顷；森林年保肥量为 3.64 亿吨，如按含氮量 14% 计算，折合氮肥 26 亿吨；年固碳量为 3.59 亿吨，相当于吸收工业二氧化碳排放量的 52%。

如此形象的对比描述，呼唤着人们生态意识的不断觉醒。当前，为摸清"家底"，全国有一半以上的省份开展了森林生态系统服务功能的评估工作。有些省份，如河南、辽宁、广东，甚至连续几次开展了全省的动态评估工作。

这项工作不仅仅是为了评估而评估，初衷在于进一步推进生态效益补偿由政策性补偿向基于生态功能评估的森林生态效益定量化补偿的转变。当前的生态效益补偿绝大多数都是为了补偿而补偿，属于政策性的、行政化的、自组织的补偿，并没有从根本上调节利益受益者和受损者的平衡。而现在借助于某一块林地的生态效益进行补偿，可以实现利用、维护和改善森林生态系统服务过程中外部效应的内部化。

对于这项研究工作的前期积累，国家林业局50个森林生态系统定位观测研究站的工作人员，不管风吹日晒，年复一年的在野外开展监测工作，甚至冒着生命的危险。在东北地区，有一种叫做"蜱虫"的动物，它将头埋进人体的皮肤内吸血，严重者会造成死亡。在南方，类似的动物叫做"蚂蟥"，同样会钻进人体的皮肤吸血。在这样危险的条件下，每一个林业工作者都不负重任、尽职尽责，完成了监测任务，为评估工作的开展奠定了坚实基础。

以经济、社会、生态效益相协调发展为宗旨

林业研究者认为，我们破坏森林，是因为我们把它看成是以一种属于我们的物品；当我们把森林看成是一个我们隶属于它的共同体时，我们可能就会带着热爱与尊敬来使用它。

传承着"天人合一"、"道法自然"的哲学理念，融合着现代文明成果与时代精神，凝聚着中华儿女的生活诉求，研究者们用了近两年的时间，对森林生态系统服务功能评估的特点及内涵等开展了深入分析和研究，对其与经济、社会等相关关系进行了尝试性的探索。

生态效益无处不在，无时不有。通过生态区位商系数，进一步说明了人类从森林中获得多少生态效益，获得什么样的森林生态效益，获得的森林生态系统服务功能是优势功能还是弱势功能。这与各省、各林分类型所处的自然条件和社会经济条件有直接关系。林业研究者预测，在当前的国情和林情下，森林生态将会保持稳步增加的趋势，原因在于当前不断加强人工造林，导致幼龄林占有较大比重，其潜在功能巨大。

那么，生态效益与经济、社会等究竟如何协调发展？为了将森林生态系统服务功能评估结果应用于实践中，科研人员尝试性地选用恩格尔系数和政府支付意愿指数来进一步说明它们之间的关系，研究了生态效益与GDP的耦合关系等。

恩格尔系数反映了不同的社会发展阶段人们对森林生态系统服务功能价值的不同认识、重视程度和为其进行支付的意愿是不同的，它是随着经济社会发展水平和人民生活水平的不断提高而发展的。从另一方面也说明了森林与人类福祉的关系。

政府支付意愿指数从根本上反映了政府对森林生态效益的重视程度及态度，进一步明确政府对森林生态效益现实支付额度与理想支付额度的差距。这也从侧面反映了经济、社会、生态效益相协调发展的宗旨。

以生态文明建设为导向

森林对人们的生态意识、文明观念和道德情操起到了潜移默化的作用。从某种意义讲，人类的文明进步是与森林、林业的发展相伴相生的。森林孕育了人类，也孕育了人类文明，并成为人类文明发展的重要内容和标志。因此可以说，森林是生态文明建设的主体，森林

的生态效益又是生态文明建设的最主要内容。通过森林生态效益的研究，凸显中华民族的资源优势，彰显生态文明的时代内涵，力争实现人与自然和谐相处。

结　语

森林生态系统功能与森林生态系统服务的转化率的研究是目前生态系统服务评估的一个薄弱环节。目前的生态系统服务评估还停留在生态系统服务功能评估阶段，还远远不能实现真正的生态系统服务评估。

究其原因，就是以目前的森林生态学的发展水平还不能提供对森林生态系统服务功能转化率的全方位支持，也就是我们不知道森林生态系统提供的生态功能有多大比例转变成生态系统服务，这也是以后森林生态系统服务评估研究的一个迫切需要解决的问题。

院士心语

当前，我国正处在工业化的关键时期，经济持续增长对环境、资源造成很大压力。在这些严重的生态危机面前，人类已经开始警醒，深刻认识到森林的重要地位和关键作用，并开始采取行动，促进发展与保护的统一，追求经济、社会、生态、文化的协同发展。如何客观、动态、科学地评估森林的生态服务功能，解决好生产发展与生态建设保护的关系，显得尤为重要。这对于加深人们的环境意识，促进加强林业建设在国民经济中的主导地位，提高森林经营管理水平，加快将环境纳入国民经济核算体系及正确处理社会经济发展与生态环境保护之间的关系，以及客观反映我国森林对全球气候变化的贡献，都具有重要意义。

——中国工程院院士　李文华

概念解析

（1）生态系统服务。从古至今，许多科学家提出了生态系统服务的概念，有些定义侧重于表达生态系统服务的提供者，而有些概念侧重于阐明受益者。通过对比科学家们提供的概念，中国林科院专家认为，生态系统服务是指生态系统中可以直接或间接地为人类提供的各种惠益。

（2）生态系统功能。生态系统功能是指生态系统的自然过程和组分直接或间接地提供产品和服务的能力。它包括生态系统服务功能和非生态系统服务功能两大类。

生态系统服务功能维持了地球生命支持系统，主要包括涵养水源、改良土壤、防止水土流失、减轻自然灾害、调节气候、净化大气环境、孕育和保存生物多样性等功能，以及具有医疗保健、旅游休憩、陶冶情操等社会功能。这一部分功能可以为人类提供各种服务，因此被称为生态系统服务功能。

非生态系统服务功能是指本身存在于生态系统中，而对人类不产生服务或抑制生态系统服务产生的一些功能。它随着生态系统所处的位置不同而发挥不同的作用，有些功能甚至是有害于人类健康的。例如木麻黄属、枫香属等树木，在生长过程中会释放出一些污染大气的有机物质，如异戊二烯、单萜类和其他易挥发性有机物（VOC），这些有机物质会导致臭氧和一氧化碳的生成。这样的生态系统功能不但不会为人类提供各种服务，还会影响到人类的健康，因此被称之为非生态系统服务功能。

摘自：《中国绿色时报》2013年2月4日A3版

生态数据诠释龙江绿水青山巨大价值

黑龙江每公顷森林提供的生态价值平均为每年 7.85 万元，全省森林生态系统服务总价值为每年 1.76 万亿元。2015 年，全省森林生态系统服务总价值相当于当年全省 GDP 的 1.17 倍……日前，《黑龙江省森林生态连清与生态系统服务研究》公布的数据，充分体现了绿水青山的巨大价值。

近年来，黑龙江传统经济有所下滑，2015 年全省 GDP 在全国各省份中排名第 21 位。而黑龙江现有资源却相当丰富，尤其是森林面积占全国的 10.81%，排在全国第 4 位。因此，科学核算黑龙江现有森林资源价值，按照习近平总书记提出的绿水青山就是金山银山、冰天雪地也是金山银山的思路，摸索接续产业发展路子，为东北振兴持续发力，便显得尤为重要。

更重要的是，森林生态系统服务功能的核算，有助于黑龙江开展自然资源资产负债表的编制，彰显黑龙江林业的生态地位，推动生态效益科学量化补偿和生态 GDP 核算体系的构建，为更好地制定生态文明制度、全面建成小康社会，实现中华民族伟大复兴的中国梦不断创造更好的生态条件。

那么，黑龙江"绿水青山"的价值是如何科学核算的呢？价值核算对于黑龙江经济社会可持续发展又有什么战略意义呢？

黑龙江省森林生态服务功能价值及占 2015 年全省 GDP 总量比值分别为涵养水源为 5434.39 亿元，36.03%；保育土壤为 3273.40 亿元，21.70%；固碳释氧为 2183.93 亿元，14.48%；积累营养物质为 615.04 亿元，4.08%；净化大气环境为 1159.40 亿元，7.69%；森林防护为 170.09 亿元，1.13%；森林游憩为 116.16 亿元，0.77%；林产品供应为 34.83 亿元，0.23%；生物多样性保育为 3412.45 亿元，22.62%。

科学性　数据和算法经得起国际检验

森林生态系统服务功能的研究是近几年才发展起来的生态学研究领域。中国林业科学研究院森林生态环境与保护研究所首席专家、博士生导师王兵介绍，面对全球环境问题的严重威胁，自然资源有价论的呼声越来越高，所以，对森林生态系统服务功能的价值评估显得十分迫切。

特别是 2016 年全国"两会"期间，习近平总书记在参加黑龙江代表团审议时指出，绿水青山是金山银山，黑龙江的冰天雪地也是金山银山。2016 年 5 月，他在伊春市考察时强调，生态就是资源，生态就是生产力。因此，科学、客观地评估黑龙江森林生态系统服务功能，准确评价森林生态效益的物质量和价值量，不仅有利于加快打造践行"两山"理论的样板，更有助于提升林业在黑龙江国民经济和社会发展中的地位。

科学需要严谨的态度。王兵介绍，这次评估以国家林业局森林生态系统定位观测研究网络（CFERN）为技术依托，结合黑龙江森林资源的实际情况，运用森林生态系统连续观测与清查体系，以黑龙江森林资源二类调查数据为基础，以 CFERN 多年连续观测的数据和《森林生态系统服务功能评估规范》为依据，采用分布式测算方法，从物质量和价值量两方面对黑龙江的森林生态系统服务功能进行效益评价。

可是，我国的核算数据，能得到国际认可吗？

王兵非常自信，他回忆说，早在 2004 年，国家林业局和国家统计局就联合组织开展了中国森林资源核算，并将其纳入了绿色 GDP 研究，提出了森林资源核算的理论和方法，构建了基于森林的国民经济核算框架，并依据全国森林资源清查结果和全国生态定位站网络观测数据，核算了全国森林生态服务的物质量与价值量。

2013 年，国家林业局和国家统计局再次联合启动"中国森林资源核算及绿色经济评价体系研究"，在原有研究基础上，充分吸收参考国际最新研究成果，改进和完善了核算的理论框架与方法。次年，国家林业局与国家统计局联合公布，我国森林生态系统服务年价值量为 12.68 万亿元，数据和算法经得起国际检验。

作为黑龙江森林生态服务功能核算项目组的首席专家，王兵和他的团队心里有数。同时，黑龙江省林业厅为此也做了大量扎实的基础性工作，林业厅科技处积极组织开展了黑龙江省森林生态评估方面的科研立项，整合科研、生产等单位的技术力量，充分发挥各自优势，做好组织协调，保证了项目的顺利实施；作为项目执行单位的黑龙江省林业监测规划院在做好一、二类调查工作的同时，积极开展国家级公益林监测、林地变更调查、碳汇计量体系建设等工作，目前已经构建了完善的森林资源调查监测体系，丰富的森林资源调查监测基础数据，为全省森林生态功能评估奠定了坚实基础。

严谨性　评估体系和框架逻辑清晰

没有规矩，不成方圆。黑龙江森林生态系统连续观测与清查体系是如何构建的呢？

王兵介绍，这次评估，主要建立了野外观测技术体系和分布式测算评估体系。前者是构建黑龙江森林生态连清体系的重要基础，通过有效整合国家森林生态站与省内各类林业监测点的数据，实现科学计算。后者是目前评估森林生态系统服务所采用的较为科学有效的方法，运用遥感反演、过程机理模型等先进技术手段，进行由点到面的数据尺度转换，进而取得有效测算数据。

众所周知，二类调查10年为一个周期，目前还不能将调查数据统一到一个时间截点，仅依据黑龙江省监测点的数据可行吗？

据项目负责人介绍，本研究利用2010年和2015年两期的国家一类清查数据，对黑龙江2014年生态评估的二类调查基础数据进行拟合，形成以2012年二类调查数据为基础的森林资源动态变化数据，作为本次生态连清的基础。同时，通过两期完整的小班森林资源二类调查成果数据资料，计算分析森林资源的面积、蓄积量、生物多样性等动态变化，并以此为基础，利用相关模型推算森林生态功能的物质量、价值量的现状和动态变化。

也就是说，评估结果主要包括森林生态系统服务功能的物质量和价值量。

物质量评估主要是对生态系统提供服务的物质数量进行评估，即根据不同区域、不同生态系统的结构、功能和过程，从生态系统服务功能机制出发，利用适宜的定量方法确定生态系统服务功能的质量、数量。其特点是评价结果比较直观，能客观地反映生态系统的生态过程，进而反映生态系统的可持续性。如黑龙江森林生态系统涵养水源量相当于全省水资源总量的68.35%，接近全省不同规模水库总库容的2倍，保护黑龙江森林生态系统，对维护全省乃至东北地区的水资源安全起着十分重要的作用。

价值量评估就是根据涵养水源、保育土壤、固碳释氧、林木积累营养物质、净化大气环境等多种指标的物质量，进行货币价值的等价换算。如保育土壤的价值量，黑河市、伊春市和大兴安岭地区森林生态系统保育土壤的价值相当于这3个市（地区）GDP的2.05倍，而黑龙江省森林生态系统保育土壤价值量仅占全省GDP总量的21.70%。由此可以看出，黑河市、伊春市和大兴安岭地区森林生态系统保育土壤的功能对于黑龙江经济社会发展的重要性。

当然，物质量和价值量并不是一成不变的，它们会随着生长量和消亡量的变化而发生动态变化。以2015年为例，部分指标相比2011年实现了较大增幅，其中，调节水量的物质量增幅为9.19%，涵养水源的价值量增幅为9.30%；固土量的物质量增幅为6.71%，保育土壤的价值量增幅为6.66%。这些指标均说明黑龙江森林资源状况总体在不断提升。

黑龙江省林业厅厅长杨国亭对全省林业的发展很有信心，他表示，黑龙江森林资源的持续向好，得益于林业发展战略的全面落实。"十二五"期间，全省发挥国家重点生态工程的骨干作用，实施了三北五期工程、天保二期工程、新一轮退耕还林工程、中央财政造林补贴工程、农田防护林更新改造工程等重点林业生态工程，生态建设取得显著成效。5年间，造林保存面积35.5万公顷，使全省森林面积稳步增加。同时，通过中幼林抚育，每公顷森林的蓄积量由2011年的83.83立方米增长至2015年的92.85立方米，增长幅度为10.76%。

前瞻性　为可持续发展提供决策依据

可持续发展的思想是伴随着人类与自然的关系的不断演化而最终形成的符合当前与未来人类利益的新发展观。我国发布的《中国 21 世纪初可持续发展行动纲要》提出的目标，特别强调了"生态环境明显改善，资源利用率显著提高，促进人与自然的和谐"。

那么，黑龙江如何推进林业生态建设，才能更有效地服务可持续发展呢？

王兵表示，只有科学分析黑龙江社会、经济和生态环境可持续发展所面临的问题，才能为管理者提供决策依据，进而推动整个社会走上生产发展、生活富裕和生态良好的文明发展道路。

为此，王兵的团队专门进行了黑龙江省生态效益科学量化补偿、生态 GDP 核算、森林资源资产负债表编制 3 方面的研究。

生态效益科学量化补偿是考量政府投入对民众生态需求满足度的影响。

以地方国有林区国家级公益林补偿为例。黑龙江从 2006 年开始，将地方国有林区国家级公益林纳入中央森林生态效益补偿基金的补偿范围，补偿额度为每亩 5 元，属于一种政策性的补偿。而根据人类发展指数等计算的补偿额度为每年每亩 8.75 元，高于政策性补偿。因此，当人们生活水平不断提高，不再满足于高质量的物质生活，对于舒适环境的追求成为一种趋势时，如果政府每年投入约 2% 左右的财政收入来进行森林生态效益补偿，便会极大地提高人类的幸福指数，更有利于黑龙江森林资源经营与管理。

生态 GDP 核算是构建生态文明评价体系的理论基础。

生态 GDP 是指从现行 GDP 核算的基础上，减去资源消耗价值和环境退化价值，加上生态系统的生态效益，也就是在绿色 GDP 核算体系的基础上加入生态系统的生态效益。首先，要构建环境经济核算账户，包括物质量账户和价值量账户，账户分别由 3 部分组成：资源耗减、环境污染损失、生态服务功能。然后，利用市场法、收益现值法、净价格法、成本费用法、维持费用法、医疗费用法、人力资本法等方法对资源耗减和环境污染损失价值量进行核算。2015 年，黑龙江能源消费总量约为 1 亿吨标准煤，原煤、原油和天然气的比例为 66.50%、25.70%、3.90%，根据相关算法可以得出，黑龙江 2015 年资源消耗价值为 339.95 亿元。

森林资源资产负债表是优化经济发展环境的重要途径。

党的十八届三中全会提出要"探索编制自然资源资产负债表，对领导干部实行自然资源资产离任审计"，这是推进生态文明建设的重大制度创新，有利于形成生态文明建设的倒逼机制，破除和扭转唯 GDP 的发展模式，对引领经济发展新常态具有战略意义。以国有林场为例，可以结合相关财务软件管理系统建立 3 个账户：一般资产账户，用于核算黑龙江省林业正常财务收支情况；森林资源资产账户，用于核算黑龙江省森林资源资产的林木资产、林地资产、湿地资产、非培育资产；森林生态系统服务功能账户，用来核算黑龙江森林生态系统服务功能，包括涵养水源、保育土壤、固碳释氧、林木积累营养物质、净化大气环境、生物多样性保护、森林游憩、森林防护、提供林产品等其他生态服务功能。

杨国亭表示，丰富的森林资源决定了黑龙江在全国生态建设保护大局中具有特殊重要的地位，"十三五"期间，黑龙江要以维护森林生态安全为主攻方向，加快推进林业现代化建设，为全面建成小康社会、建设生态文明和美丽中国作出更大贡献。

摘自：《中国绿色时报》2017 年 2 月 15 日 A3 版

"中国森林生态系统连续观测与清查及绿色核算"系列丛书目录